嵌入式技术与应用丛书

串行通信技术
面向嵌入式系统开发

● 周云波 编著

U0217839

电子工业出版社
Publishing House of Electronics Industry
北京·BEIJING

内 容 简 介

本书主要介绍面向嵌入式开发的串行通信技术，从芯片和电路板入手介绍硬件，从源代码入手介绍软件，以便读者可以将这些技术嵌入自己的设计中。

本书既包括理论基础，也包含实际产品设计方案。首先介绍串行通信协议、Modbus 协议、HART 协议，然后介绍 RS-485 串行通信的组网技术和通信转换器产品等内容，接着重点介绍以太网串口服务器的硬件和软件设计，以便读者进行嵌入式系统的开发。本书公开了实用的 Modbus 串口协议转换器和 Modbus 数据采集模块的全套设计资料，以及几种 HART 智能变送器的全套设计方案，作者还将自己的多项 USB 专利技术在本书中予以公开，如 USB 光纤传输技术、USB 共享器、USB 数据采集器、USB 网络隔离器等。

本书深入浅出，既有串行通信的理论知识，也有产品的开发实践，还有串口通信技术专利的剖析，适合高等院校相关专业的学生，以及相关领域的工程技术人员、管理人员参考。

本书附带的开发资料包中有各章介绍的软件和部分程序源代码，读者可登录华信教育资源网（www.hxedu.com.cn）免费注册后下载。

图书在版编目（CIP）数据

串行通信技术：面向嵌入式系统开发/周云波编著. —北京：电子工业出版社，2019.1
（嵌入式技术与应用丛书）
ISBN 978-7-121-35860-9

Ⅰ. ①串… Ⅱ. ①周… Ⅲ. ①串行通信 Ⅳ. ①TN91

中国版本图书馆 CIP 数据核字（2018）第 296175 号

责任编辑：田宏峰 　　特约编辑：李秦华
印　　刷：北京捷迅佳彩印刷有限公司
装　　订：北京捷迅佳彩印刷有限公司
出版发行：电子工业出版社
　　　　　北京市海淀区万寿路 173 信箱　邮编　100036
开　　本：787×1 092　1/16　印张：14.25　字数：365 千字
版　　次：2019 年 1 月第 1 版
印　　次：2025 年 3 月第 15 次印刷
定　　价：68.00 元

凡所购买电子工业出版社图书有缺损问题，请向购买书店调换。若书店售缺，请与本社发行部联系，联系及邮购电话：（010）88254888，88258888。

质量投诉请发邮件至 zlts@phei.com.cn，盗版侵权举报请发邮件至 dbqq@phei.com.cn。

本书咨询联系方式：tianhf@phei.com.cn。

前言

　　语言才是人类最伟大的发明。语言并非人类与生俱来的本能，对语言的掌握和使用才使得人类从动物界中脱颖而出，相对而言，文字不如语言重要。正如人类主要通过语言来进行交流，机器主要通过串行通信来交换数据。人类通过逐字逐句地说与听来交流，而机器之间的串行通信通过一个字节或一帧数据发送与接收来传输信息。人类有不同的语言，而机器有不同的串行通信协议；人类的语言遵循语法，机器的通信也遵循协议；人类的不同语言之间需要翻译，同样，机器的通信协议之间也要转换。如果说人类语言交流的听与说是串行通信，那么文字、图片的展示与人类的视觉感知就是并行通信。我们在日常生活中的交流依然以语言为主，机器之间也是这样，以串行通信为主。我们有时还可以直接听到串行数据的声音，比如现在的传真机，还有过去的电报机。

　　当打开计算机或手机，你一次就"并行"地看遍了一整张图片的内容，或者一目十行地读完了一篇文章，其实这些图片或文章内容的传输还是串行的，它们遵循互联网或者以太网传输协议——TCP/IP，这里的数据是串行的。我们在学校上课时就体验了串行通信的规则：一个串行通信总线中只能够同时有一个主机发送，即一个教室里只能有一个人发言，主要是老师；学生要发言就得举手，等待老师的点名后才可以发言，串行通信的从机必须先申请、等待主机发送从机地址后，该地址的从机才可以发送数据。一堂课里有大量时间是讲话停顿的，串行通信中最多的也是停顿信号。RS-485 串行通信规则大抵也是如此。

　　现代社会的物质交流与串行通信，其实都遵循着某种相同的语法。我们现在发快递，必须在快递单的右边框里写上收件人地址、左边框里写上发件人地址，收件人收到快递后签字。完整的串行通信协议也需要接收方的地址和发送方的地址，以及数据位和校验位都必须填写在一帧数据的正确位置，收到数据后接收方会返回一条信息。Modbus 协议和 HART 协议几乎就是这样规定的。

　　把串行通信与人类之间交流方式相比，会发现学习串行通信的乐趣。串行通信绝无人类的谎言，数据比人的语言更值得信任。串行通信的规则其实就那么几种，都源于我们的日常生活经验。只是我们早就习以为常，可能从来没有认真总结过我们交流的规则。当了解了串行通信，就会意识到人类是如此聪明，真实的通信世界与我们基于经验的思路是如此天人合一的。

　　从烽火狼烟、飞鸽传书、鸣笛传号到现代的电话机、传真机、Modem、串口、以太网/互联网，每一次通信技术的改进都是影响世界的发明或技术，它要么改变国运，要么孕育出巨大的商机。历史是由人创造的，串行通信亦是如此。不过，不只是个人，而是一群人，他们以这些公司的名义创造了历史：Bell Lab（Modem 技术）、IBM（PC RS-232 口）、HAYES（调制解调器）、MAXIM（RS-232 和 RS-485）、MODICON（Modbus 协议）、Intel（USB 口），等等，其中 Bell 和 HAYES 也是人名——贝尔和贺氏。这些公司都是业界巨头或世界 500 强，在串行通信史上掀起过巨浪，其中有些已经成为历史，比如贺氏。

有人坚信：语言改变世界。串行通信可以说是语言的发明对人类行为影响的余音；本书是那些串行通信巨头对世界影响的余音，至今余音绕梁，值得用写一本书来回味。

本书从简单介绍串行通信协议入手，以介绍串行通信的实用技术为主，公开了作者多年来从事串行通信开发的许多产品的硬件设计方案和软件源代码。我想，如果能够帮助读者把串行通信的理论变成实际成果，那才是读者可以体验的串行通信的真正乐趣，也是作者的真正乐趣。

如果读者有建议或意见，请联系作者，E-Mail：592905661@qq.com

周云波

2018 年 12 月

目录

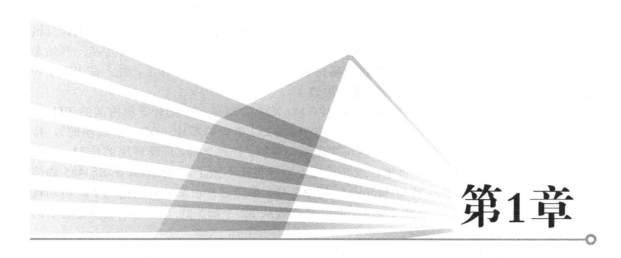

第1章

串行通信协议

1.1 串行通信简史

串行通信的技术源于 Bell Lab（贝尔实验室），这里的 Bell 就是源自那个大名鼎鼎的发明电话的贝尔。本书将要反复提到 HART 协议采用的 Bell 202 通信标准，就是 Bell Lab 当初定下的标准。1925 年，贝尔实验室发明了 Modem（调制解调器，俗称"猫"），这是传真机的通信原理，采用串行通信协议，利用电话线传输数字信号。美国贝尔实验室还是许多重大发明的诞生地：晶体管、激光器、太阳能电池、发光二极管、数字交换机、通信卫星、电子数字计算机、蜂窝移动通信设备、长途电视传输、仿真语言、有声电影、立体声录音，以及通信网等。1984 年以前，贝尔实验室这个巨大实验室的上万名科学家由 AT&T 提供经费。后来随着 AT&T 因垄断而被拆解，贝尔实验室归入朗讯科技。

同样伟大的另外一家公司是 IBM，1985 年它生产的 PC（个人计算机），可以通过插入一块"多功能卡"扩展出 RS-232 串口（和并行口，即 LPT 打印口）。PC 把 RS-232 串口从以前的 DB-25 针插座简化为 DB-9 针插座，去掉了一些旧的信号线（比如电流环），从此长期成为 PC 的标配。曾经 PC 的 RS-232 串口是仅有的一种对外通信口，非常重要，它可以用于接串口鼠标，也可以用于连接外置 Modem 通过电话线接入互联网。

在光纤入户和 ADSL 技术得到广泛应用之前，通过计算机的 RS-232 串口连接外置 Modem 再连接到电话线是接入互联网的主要方式（另外一种是昂贵的 ISDN）。当时接入互联网的 Modem 是一个巨大的市场，HAYES（贺氏）便是在这种外置 Modem 上大有建树的公司。Modem 的波特率从 1200 b/s 开始，不断翻番，产品也不停地更新换代，HAYES 及其跟随者都在市场上获得巨大收益。HAYES 的贡献还在于创建了串行通信的标准 AT 指令。AT 指令主要用于对 Modem 进行设置，如波特率等格式。今天在串行通信上仍然广泛使用 AT 指令，即使不是通过 Modem 的串行通信。当 Modem 达到了理论极限 56 kb/s，并且被内置到计算机里面后，外置 Modem 被市场抛弃，HAYES 步入末路。再说两句 HAYES，由于从一开始走的就是高价高质的路线，后来"猫"的价格白菜化了，市场本来就不行了，加上在 ISDN 和 ADSL 之间押宝了 ISDN，所以就彻底销声匿迹了。

MAXIM（美信）起家于一个小小的芯片：MAX232。这是一个把计算机内部的 TTL 电平的串口（也被称为 UART）转换为 ±15 V 电平 RS-232 串口的芯片（DB-9 针插座的），特点是单 5 V 供电，而且只需一块芯片就可实现双向转换。在此之前，广泛使用的是 Motorola 的两块套装芯片，使用 ±15 V 供电，现在已经连型号也查不到了。MAXIM 在 RS-485 通信芯片上也有重大改进，在保持与 Motorola 的 RS-485 串口芯片引脚兼容的情况下，将功耗降低到原来的 1/10 以下，不到 1 mA，同时节点数从 32 个增加到 128 个，这就是著名的 MAX485。

美国 MODICON（莫迪康）公司于 1968 年发明了第一台可编程逻辑控制器（PLC）。1979 年，公司推出了第一个工业通信网络——Modbus，实现了计算机与控制器之间的用户界面的串行通信。由于它的可靠性，Modbus 成为一个国际标准。在中国，Modbus 已经成为国家标准 GB/T 19582—2008。1997 年，MODICON 成为施耐德电气公司的第 4 个主要品牌。Modbus 是在工业通信中应用最为广泛的通信协议标准。

目前，通用串行总线（USB）是最"通用"的计算机接口，是由 Intel、微软等公司于 1996 年联合推出的。在现在的计算机上，USB 接口已经成功取代了串口。如果要用到串口，一般通过外接 USB/RS-232 或者 USB/RS-485 转换器来实现。

1.2 为什么要组成通信网

在各种串行通信接口中，以 RS-232 串口最多，几乎每一个单片机都带 TTL 电平的 RS-232 串口，或者称为 UART。无论 TTL 电平、还是 ±15 V 的 RS-232 串口，通信距离都很短，只有 5（TTL 电平）～15 m（±15 V 电平），所以 RS-232 本身并没有远程通信的能力，那么组成网络进行多机通信也没有太大意义。RS-232 串口仅仅用于连接 Modem 或者其他具有 RS-232 串口的通信设备。只有把 RS-232 串口转换为以太网口、RS-485 串口、HART 串口等才可以组成实用的串行通信网，而这三种是串行通信网中应用最广泛的几种串口。只有当 RS-232 具备了组网能力，才可以实现远程多机通信，并且遵循一套标准的多机通信协议时，才真正实现了在工程中应有的价值。因为一个串行通信系统，往往包括大量的串口设备，而且会被安装在不同场合、被不同的用户来使用和开发。

Modbus 正是这样一种被广泛接受的串行通信协议标准。Modbus 不是串口，而是基于串口之上的通信协议。Modbus 既可以用于 RS-232 串口或 RS-485 串口的串行通信网，也可以用于以太网口的通信网。Modbus 是开放的协议。

HART 是一个把串行通信接口和协议都包括在内的标准，甚至 HART 产品都要经过 HART 机构认证。HART 协议是传统 4～20 mA 模拟量变送器的数字化升级产品，所以在具有数字通信功能的同时还在功耗上兼容了 4～20 mA 模拟量信号。HART 协议本来是封闭的，但是这种封闭经过了许多年后也上被突破了。人们不向 HART 基金会缴费也可以开发 HART 产品，不过就是没有 HART 的认证标记。

1.3　什么是串行通信

1.3.1　串行通信的概念和特点

串行通信是指使用一条数据线（另外需要地线，可能还需要控制线），将数据一位一位地依次传输，每一位数据占据一个固定的时间长度。串行通信只需要少数几条线就可以在系统间交换信息，特别适合计算机与计算机、计算机与外设之间的远距离通信。使用串口通信时，发送和接收的每一个字符实际上都是一次一位传输的，每一位为 1 或者为 0。串行通信的数据流如图 1-1 所示。

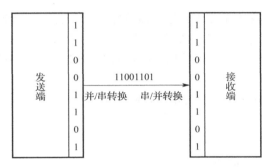

图 1-1　串行通信的数据流

串行通信的特点是：数据传输按位顺序进行，最少只需要一根传输线即可完成通信（另外一条借助于地线），以节省传输线。与并行通信相比，还有较为显著的优点，即传输距离长，可以从几米到几千米。正是由于串行通信的接线少、成本低，因此在数据采集和控制系统中得到了广泛的应用，产品也多种多样。串行数据传输由于信号线少，所以信号间的互相干扰也少，因而串行通信的抗干扰能力强，但是串行通信传输速率比并行通信慢很多。假设并行通信有 n 条数据线，传输信号的时间为 T，则串行通信传输同样多数据的时间为 nT。

1.3.2　串行通信的分类

在串行传输中，数据是一位一位地按照顺序依次传输的，每位数据的发送和接收都需要时钟来控制时间，发送端通过发送时钟确定数据位的开始和结束，接收端需要在适当的时间间隔对数据流进行采样并正确识别数据。接收端和发送端必须保持步调一致，否则数据传输就会出现差错。为了解决以上问题，串行通信可采用以下两种方法：同步串行通信和异步串行通信。

1. 同步串行通信

同步串行通信包含专门用于识别通信开始的同步信号（SYNC），一般加在需要传输的数据前面。同步信号相当于我们开始一起步行时发出的口令"起步——走！"。这样串行通信在每传输一个数据后就不需要停顿，这是一种连续串行传输数据的通信方式，一次通信只传输一帧信息。这里的信息帧与异步通信中的字符帧不同，通常包含若干个数据字符。

信息帧由同步信号字符、数据字符和校验字符（CRC）组成。其中同步信号字符位于帧开头，用于确认数据字符的开始；数据字符在同步信号字符之后，个数没有限制，由所需传输的数据块长度来决定；校验字符有1～2个，用于接收端对接收到字符序列的正确性进行校验。同步通信的缺点是要求发送时钟和接收时钟保持严格的同步，另外同步串行通信的同步字符（SYNC）往往不统一，这样就不便于不同厂家串口之间的通信，所以现在的串行通信已经几乎不再用同步串行通信。我们所说的串行通信一般默认指异步串行通信。

2. 异步串行通信

异步串行通信一般等同于RS-232通信方式。RS-485和RS-422也是采用RS-232通信方式的，所以也是异步串行通信。异步串行通信中有两个比较重要的指标：字符帧格式和波特率。数据通常以字符或者字节为单位组成字符帧传输。字符帧由发送端逐帧发送，通过传输线被接收设备逐帧接收。发送端和接收端可以由各自的时钟来控制数据的发送和接收，这两个时钟源彼此独立，互不同步。

当还没有开始数据传输时或者数据已经传输完毕后，异步串行通信的传输线上必须一直保持为电平逻辑"1"的状态。一旦接收端检测到传输线上发送过来的电平逻辑"0"（即字符帧起始位）时，就表示发送端已开始发送数据，每当接收端收到字符帧中的停止位时，就知道一帧字符已经发送完毕。

异步串行通信的帧格式是：1位起始位，8位（或7位）数据位，1位奇偶校验位，1位（或2位）停止位。

1.3.3 串行通信的工作模式

通过单线（相对地线）传输数据是串行通信的基础。数据通常是在两个站（点对点）之间进行传输的，按照数据传输的方向可分成三种传输模式：单工、半双工和全双工。

1. 单工模式：早期的电流环TTY

电流环也称为TTY，单工模式的数据传输是单向的。通信双方中，一方固定为发送端，另一方则固定为接收端，使用一根传输线，如图1-2所示。用两路TTY也可以实现双向通信。由于没有统一的国际标准，且使用光电耦合器的接口极易损坏，现在TTY应用已经极少。

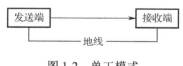

图1-2　单工模式

电流环TTY曾经是DB-25针RS-232接口（串口）的一部分，后来随着IBM将RS-232接口简化为DB-9针而被抛弃，但是现在也可以将DB-9针的RS-232接口的TXD和RXD转换出TTY信号，这可能是我们现在还可以见到的仅有的串行通信TTY信号了，而且不再是单工模式，而是双工模式。

双工模式按照是否可以同时接收和发送，可分为半双工和全双工。

2. 半双工模式：RS-485

半双工通信使用同一条传输线，既可发送数据又可接收数据，但不能同时发送和接收。在任何时刻只能够由其中的一方发送数据，另一方接收数据。半双工模式既可以使用一条数据线，也可以使用两条数据线（参见图1-3）。这两条数据线的其中一条专门用于发送，而另外一条专门用于接收，只是这两条线不同时发送和接收，属于半双工模式。

半双工通信中每个端口都需要有一个收发切换电子开关，通过切换来决定数据向哪个方向传输。因为有切换，所以往往会产生时间延迟。波仕电子的 RS-232/RS-485 转换器使用了独特的零延时自动收发转换技术，直接从 RS-485 信号中用硬件提取收发转换控制信号，并具备零延时的性能。其中零延时指收发切换过程转变时间为 0。这样的 RS-485 在使用时与 RS-232 通信一样。

3. 全双工模式：RS-232 或 RS-422

全双工模式分别由两根可以在两个不同的端点同时发送和接收的传输线来进行数据传输，通信双方都能在同一时刻进行发送和接收操作，如图 1-4 所示。

图 1-3　半双工模式　　　　　　　　　　图 1-4　全双工模式

在全双工模式中，每一端都有发送器和接收器，有两条传输线，可在交互式应用和远程监控系统中使用，数据传输效率较高。由于全双工的收发可以同时进行，所以通信效率比半双工至少提高了一倍。

1.3.4　串行通信参数

串行通信方式是将字节（byte）拆分成一个接一个的位（bit）后再传输出去，接到此信号的一方再将此一个一个的位组合成原来的字节，如此形成一个字节的完整传输。在传输的过程中，双方一定要明确传输的具体方式并保持一致，否则双方就没有一套共同的编码/译码方式，从而无法了解对方所传过来的信息含意。因此双方为了进行通信，必须遵守一定的通信规则，这个共同的规则就是通信端口的初始化。

通信端口的初始化必须对以下参数进行设置。

（1）波特率：这是一个衡量通信速率的参数，它表示每秒传输的位（比特，bit）的个数。RS-232 标准规定的数据传输速率为 1200 b/s、2400 b/s、4800 b/s、9600 b/s、19200 b/s、38400 b/s、115200 b/s 等，也称为波特率。例如，9600 波特率表示每秒传输 9600 bit，记为 9600 bps 或者 9600 b/s。波特率表示有效数据的传输速率，就是每秒传输 0 或 1 的个数。比如波特率是 9600 b/s，那么它传输一位 0 或 1 的时间就是 1/9600 s，大约为 0.1 ms。假设一帧串行数据有 10 bit（8 个数据位、1 个校验位和 1 个停止位），那么传输时间就是 10×0.1 ms=1 ms。

（2）数据位：这是通信中实际数据的位数。当计算机发送一个串行信息帧时，实际的数据一般是 8 位，但是也有 7 位和 5 位，尽管后两者极少用到。如何选择数据位，取决于想传输数据的位数，比如标准的 ASCII 码是 0～127（7 位），而扩展的 ASCII 码是 0～255（8 位）。

（3）停止位：用于表示单个数据包或者一帧的最后一位。典型的值为 1 位，也有 1.5 和 2 位。由于数据是在传输线上定时的，并且每一个设备有其自己的时钟，很可能在通信中两台设备间会出现小小的不同步。因此停止位不仅仅是表示传输的结束，并且也提供计算机校正时钟同步的机会。停止位的位数越多，不同时钟同步的容忍程度就越大，但是实际的数据传输率也越低。随着串行通信硬件技术抗干扰能力越来越强，现在几乎都选 1 位停止位。

（4）奇偶校验位：奇偶校验是串行通信中一种简单的检错方式，有三种设置方式：偶校验（O）、奇校验（E）、无校验（N）。无校验（N）也是可以的。对于偶和奇校验的情况，串口会设置校验位（数据位后面的一位），用一个值确保传输的数据有偶个或者奇个逻辑高位。例如，假设数据是 011，如果是偶校验，校验位为 0，保证逻辑"1"的位数是偶数；如果是奇校验，校验位为 1，这样就有 3 个逻辑"1"。同样随着串行通信硬件技术抗干扰能力越来越强，现在几乎都选 N（无校验）。

串行通信常用的格式为（9600，N，8，1），就是波特率为 9600 b/s，无奇偶校验位，8 位数据位，1 位停止位。

1.4　RS-232 标准

RS-232 接口通常以 9 个引脚（DB-9）的形式出现。一般台式计算机上会有两个 RS-232 接口，分别称为 COM1 和 COM2。RS-232 的最大通信距离为 15 m；传输距离短的主要原因是 RS-232 属单端信号传输，存在共地噪声和不能抑制共模干扰等问题，因此一般用于 15 m 以内的通信。

EIA-RS-232C 是 RS-232 最早的国际标准，它对 RS-232 的电气特性、逻辑电平和各种信号线功能都做了规定，RS-232 插座如图 1-5 所示。RS-232 实际上是 EIA-RS-232C 的简称。

在 TXD 和 RXD 上，逻辑 1（MARK，传号）为-3 V～-15 V，逻辑 0（SPACE，空号）为+3～+15 V。在 RTS、CTS、DSR、DTR 和 DCD 等控制线上，信号有效（接通，ON 状态，正电压）为+3 V～+15 V；信号空闲（断开，OFF 状态，负电压）为-3 V～-15 V。

以上规定说明了 RS-323 标准对逻辑电平的定义。对于数据（信息码）：逻辑 1（传号）的电平低于-3 V，最低为-15 V；逻辑 0（空号）的电平高于+3 V，最高为 15 V。对于控制信号；接通状态（ON）即信号有效的电平高于+3 V，断开状态（OFF）即信号无效的电平低于-3 V。也就是说，当传输电平的绝对值大于 3 V 时，电路可以有效地检查出来，介于-3～+3 V 之间的电压无意义，低于-15 V 或高于+15 V 的电压也认为无意义，因此，实际工作时，应保证电平在±(3～15) V 之间。

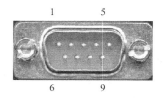
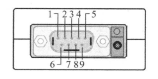

图 1-5　RS-232 插座

RS-232 标准定义了 DB-9 标准连接器中的 9 根信号线，早期 RS-232 的主要用途是外接 Modem 等外部数据通信设备（Data Communication Equipment，DCE）。计算机等主控制器，因为是用于人工来操作的，所以称为数据终端设备（Data Terminal Equipment，DTE）。

以下的编号分别对应于 DB-9 插座的 1～9 脚：

（1）数据载波检测（Data Carrier Detect，DCD）：用来表示 DCE 已接通通信链路，告知 DTE 准备接收数据。

（2）接收数据（Received Data，RXD）：通过 RXD 接收从 Modem 发送的串行数据（DCE →DTE）。

（3）发送数据（Transmitted Data，TXD）：通过 TXD 将串行数据发送到 Modem（DTE →DCE）。

（4）数据终端准备好（Data Terminal Ready，DTR）：有效时（ON）状态，表明数据终端可以使用。

（5）GND：保护地和信号地，无方向。

（6）数据发送准备好（Data Set Ready，DSR）：有效时（ON）状态，表明 Modem 处于可以使用的状态。

（7）请求发送（Request to Send，RTS）：用来表示 DTE 请求 DCE 发送数据，它用来控制 Modem 是否要进入发送状态。

（8）允许发送（Clear to Send，CTS）：用来表示 DCE 准备好接收 DTE 发来的数据，是对请求发送信号 RTS 的响应信号。

（9）振铃指示（Ringing，RI）：当 Modem 收到交换台送来的振铃呼叫信号时，使该信号有效（ON 状态），通知终端，已被呼叫。

由于 RS-232 接口标准出现较早（1962 年），难免有不足之处，主要有以下四点：

（1）接口的信号电平值较高，易损坏接口电路的芯片，又因为与 TTL 电平不兼容，故需使用电平转换电路方能与 TTL 电路连接。

（2）传输速率较低，在异步传输时，波特率≤115.2 kb/s。

（3）接口使用一根信号线和一根信号返回线构成共地的传输形式，这种共地传输容易产生共模干扰，所以抗噪声干扰能力弱。

（4）传输距离有限，最大传输距离标准值为 15 m。

正是因为 RS-232 的这些明显缺点，导致了 RS-485 以及 RS-422 的出现。

1.5　RS-485 标准

RS-485 由 RS-232 发展而来，它是为弥补 RS-232 之不足而提出的。为改进 RS-232 通信距离短、传输速率低的缺点，EIA 于 1983 年制定了 RS-485 标准。RS-485 定义了一种平衡通信接口，将传输速率提高到 10 Mb/s、传输距离延长到 1200 m（速率低于 9600 b/s 时），并允许在一条平衡总线上连接最多 32 个接收器。由于 EIA 提出的建议标准都是以"RS"作为前缀，所以仍然习惯将上述标准 RS 作为前缀。RS 是 Recommend Standard 的缩写，意思是推荐标准。RS-485 标准只对接口的电气特性做了规定，而不涉及接插件、电缆或协议，在此基础上用户可以建立自己的接头和插座形状以及高层通信协议。

（1）RS-485 的数据最高传输速率为 10 Mb/s。但是由于 RS-485 常常要与 PC 的 RS-232 口通信，所以实际上一般最高为 115.2 kb/s。又由于太高的速率会使 RS-485 传输距离减小，所以在远程通信时往往为 9600 b/s 左右或以下。

（2）RS-485 接口是采用平衡驱动器和差分接收器的组合，抗噪声干扰性好。

（3）RS-485 的最大传输距离标准值为 1200 m（9600 b/s 时），RS-485 总线上允许连接多达 128 个收发器，具有多机通信能力，这样用户可以利用单一的 RS-485 总线方便地建立起设备网络。因 RS-485 总线具有良好的抗噪声干扰性能，长的传输距离和多站能力等上述优点，使其成为远程串行通信的首选。因为 RS-485 组成的半双工网络一般只需 2 根信号线，所以 RS-485 均采用屏蔽双绞线传输。RS-485 的国际标准并没有规定 RS-485 的接口连接器标准，所以可以采用接线端子或者 DB-9、DB-25 等连接器。

（4）RS-485 电气规定。与 RS-232 不同，RS-485 数据信号采用差分传输方式，也称为平衡传输。它使用一对双绞线，将其中一线定义为 A，另一线定义为 B。通常情况下，A、B之间的正电平在+2～+6 V，为逻辑状态"1"；负电平在-2～6 V，为逻辑状态"0"。在实际应用时，除了 A 和 B，还另有一个参考信号地（GND）。

接收端也有与发送端相对应的电气规定。当在接收端之间有大于+200 mV 的电平时，输出逻辑"1"；小于-200 mV 时，输出逻辑"0"。接收器接收平衡线上的电平范围通常在 200 mV～6 V 之间。RS-485 需要在总线两端各接一个终端电阻，其阻值要求等于传输电缆的特性阻抗，一般为 120 Ω。在短距离传输时可不需要终接电阻，一般在 300 m 以下不需要终接电阻。终接电阻接在传输总线的最远两端，中间不要接。

1.6 RS-422 标准

RS-422 的电气性能与 RS-485 几乎完全一样。主要的区别在于：

RS-422 有 4 根信号线：2 根发送（Y、Z）、2 根接收（A、B）。由于 RS-422 的收与发是分开的，所以可以同时收和发（全双工）；而 RS-485 有 2 根信号线，发送和接收都是 A 和 B。正是由于 RS-485 的收与发共用 2 根线，所以不能够同时收和发（半双工）。

能否将 RS-422 的 Y-A 短接作为 RS-485 的 A、将 RS-422 的 Z-B 短接作为 RS-485 的 B呢？回答是：不一定。条件是 RS-422 必须是能够支持多机通信。波仕电子的所有接口转换器的 RS-422 口都能够支持全双工多机通信，所以可以这样简单转换为 RS-485。

RS-422 标准全称是平衡电压数字接口电路的电气特性，它定义了接口电路的特性，是典型的四线接口。实际上还有一根信号地线 GND，共 5 根线。RS-422 允许在相同传输线上连接多个接收节点，最多可接 32 个节点，即一个主设备（Master，也称为主机），其余为从设备（Salve，也称为从机），从设备之间不能通信，所以 RS-422 支持点对多的双向通信。RS-422接收端接 120 Ω 终端电阻，发送端可以不接。RS-422 的四线接口由于采用单独的发送和接收通道，因此不必控制数据方向，各装置之间任何必需的信号交换均可以按软件方式（XON/XOFF 握手）或硬件方式（一对单独的双绞线）实现。

与 RS-485 一样，RS-422 标准也只对接口的电气特性做了规定，而不涉及接插件、电缆或协议，在此基础上用户可以建立自己的接头和插座形状以及高层通信协议。

1.7 RS-232 与 RS-485 的区别

一般人认为，RS-232、RS-485 及 RS-422 仅仅是电气接口有所不同，以为它们三者的通信协议是一样的。其实，它们之间的协议是有微妙差异的，尽管有时候用户并没有感觉到。在进行串行通信编程时也没有考虑到 RS-232 与 RS-485 的差异，却并没有出现问题。这是因为串口（包括计算机和设备）生产厂家已经事先进行了考虑。

RS-232 与 RS-485 的唯一区别在于，RS-485 有发送器的控制信号 DE（Drive Enable），而 RS-232 无须这个信号。因为前面讲过，RS-485 不能够同时接收和发送，那么就需要收发切换。由于同一条 RS-485 总线上任何时候不允许有两个 RS-485 接口同时发送，否则会导致冲突，所以重点在于对发送的电子切换。RS-232 的发送信号 TXD 与接收信号 RXD 各用一根线，所以不存在收发切换的问题。在 DB-9 的 RS-232 接口上除了发送信号 TXD 与接收信号 RXD，还有几个握手信号。比如有一个 RTS 信号，当计算机的 RS-232 接口外接 Modem 时用做握手信号，与 Modem 的 CTS 相连接。由于现在用做工业控制通信的 RS-232 接口普遍只用到 RXD、TXD、GND 这三根线，RTS、CTS 等握手信号就不再使用了。当把计算机的 RS-232 接口从外部转换为 RS-485 接口时，由于 RS-485 通信只需要 RXD（接收）、TXD（发送）和 GND（地），所以其他握手信号，包括 RTS 就空出来了，这样就可以把 RTS（或者 STR）作为 RS-485 发送器的控制信号 DE（Drive Enable），当然还必须经过电平转换。这样就可以将 RS-232 接口转换成 RS-485 接口。对这样转换出的 RS-485 接口，在编写串行通信程序时就必须考虑 RS-232 与 RS-485 之间的差别，当每次发送数据时 RS-485 必须先置 RTS 为有效，相当于置 RS-485 的 DE 信号为有效；当发送数据结束后必须置 RTS 为无效，相当于置 RS-485 的 DE 信号为无效。由于这样增加了编程的复杂性，所以会导致 RS-485 与 RS-232 通信软件的不兼容。

为了解决这种 RS-232 与 RS-485 通信软件不兼容的问题，现在计算机 USB 扩展出的 RS-485 接口从硬件上对 DE 信号进行了自动处理，保证了与 RS-232 的兼容。比如英国 FTDI 公司的 USB 转串口的 FT232R 芯片，对 RS-485 的控制信号 DE 完全是由芯片硬件自动处理的。如图 1-6 所示，只要串口有信号要发送，FT232R 芯片就自动置 DE 为 1（允许状态），允许 RS-485 发送，一旦发送结束立即置 DE 为 0（禁止状态），平时 DE 为禁止状态。这就避免了同一个 RS-485 总线里多个主机同时处于发送状态的冲突，另外在 RS-485 通信程序上用户无须对 RS-485 的发送允许信号进行处理，与 RS-232 的三线（RXD、TXD、GND）通信程序完全一样。

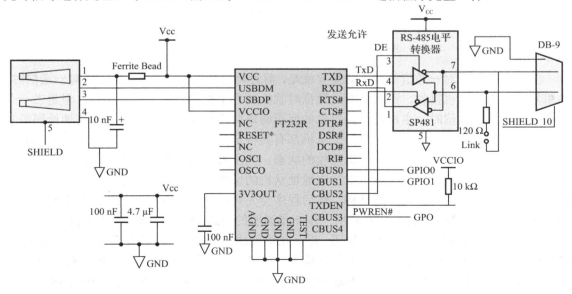

图 1-6 基于 FT232R 芯片的 USB 转 RS-485 电路

RS-422 在电气接口上与 RS-485 是一致的，区别在于 RS-422 是全双工的，RS-485 是半双工的，而 RS-232 也是全双工的。同样，RS-485 与 RS-422 的协议区别在于，RS-485 需要 DE 信号（发送允许）而 RS-422 则不需要。也就可以说，RS-485 的通信程序完全可以适用于 RS-422 信号，不过就是把 DE 信号空着。同理，如果通信软件上不用到 RTS、CTS 等握手信号，只用到 RXD、TXD 和 GND，那么 RS-422 协议与 RS-232 协议是一样的。

1.8 单片机的串口多机通信

MCS-51 系列单片机的应用极为广泛。MCS-51 系列单片机有一个串口，是 TTL 电平的，这样的串口通常称为 UART（Universal Asynchronous Receiver/Transmitter，通用异步收发设备）。单片机的 UART 一般只有 RXD、TXD 和 GND 三个信号。MCS-51 系列单片机的串行通信可以支持多机通信，本节讨论的就是这方面的技术。可以说，这是最简单的串口多机通信协议。这里介绍的是实现多个 MCS-51 系列单片机之间的多机通信的原理。

MCS-51 系列单片机串行传输模式 2 和模式 3 可以进行多机通信，其中的重点正在 SCON 寄存器的 SM2、TB8 和 RB8 位，这几位就决定了多机通信的核心。至于波特率的设置问题，只要发送与接收的双方一致即可。图 1-7 是一个典型的多机串行通信的连接示意图。

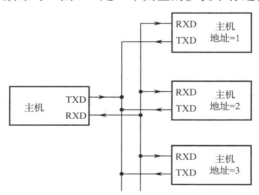

图 1-7 典型的多机的串行通信连接示意图

多机通信与一对一通信的最大的差异就是，前者需要多传输一个地址码。一对一通信时，主机发送数据后从机接收，而从机发送数据时就换成为主机接收，无须地址码。但是当一个主机与多个从机通信时，主机发出的信息如何正确地传输到某个从机呢？必须有地址码吗？针对这个问题，在多机系统中，每一个从机都有其特定的编号（也有人称为地址或者 ID）。在传输数据前，各个从机都处于待机接收的状态。当主机指定到某个特定的从机时，该从机才开始接收或发送数据，而这项指定特定地址从机的操作，实际上就是送出地址码。每个从机的串口都会收到主机发出的地址码，然后程序会先判断一下是否与自己的地址相同，若相同则开始启动执行程序。接下来我们用一步一步说明的方式，详细介绍单片机多机通信程序。

在多机通信中我们一直提到地址码，那么在串行通信时，我们如何去辨别地址（Address）和数据（Data）呢？这正是 MCS-51 串行模式 2 和模式 3 的魅力所在。当 MCS-51 工作在以上两个模式时，除了数据占 8 位，传输时多了一个 TB8 位，接收时则多了一个 RB8 位。在多机通信时，当 TB8=1 代表正传输一个地址码，该地址码有 8 位宽，所以理论上讲，在同一

个系统中可以连接 2^8=256 个从机。TB=0 代表正在传输一个数据值，在此串行传输线上，每次串行数据共有 11 个位，但其中以第 10 个位的状态来区分地址或数据，接收端可以依此格式立刻判断出其中的差异来。

在从机中，通常以串行中断的方式来对待进来的数据，若把 SCON 寄存器的 SM2 位设置成为 1 时，即允许 MCS-51 的串行接口进行多从机的地址判断，在这个模式下，从机只在接收地址值（其 RB8=1）时才产生中断请求。

在串行中断的服务程序上，只要由 SBUF 内读回地址值，就做一个判断是否被调用。若为 YES 时则跳去执行程序设置的操作，若为 NO 时则不做任何操作，随即结束此中断服务程序并返回主程序，特定的从机先设置成 SM2，然后开始发送或者接收数据，而其他的从机并未启动传输，所以在此瞬间仍然是一对一的通信，当主机在最初的发送地址阶段却是一对多的通信。

单片机的串口是 TTL 电平的，也就是 0～5 V，传输距离最远只有 5 m。如果想要远距离传输，还应将 TTL 电平转换为 RS-485 电平。MCS-51 的多机通信协议未必适合于其他种类的单片机，甚至未必适合于计算机的串口，所以统一 RS-485 多机通信的协议就显得非常有必要。在众多的串口多机通信协议中，最出类拔萃的就是 Modbus，且看下一章分解。

第2章

Modbus 协议

2.1 Modbus 入门

Modbus 通信协议由 MODICON 公司（现已经被施耐德公司并购，成为其旗下的子品牌）于 1979 年发明的，是全球最早用于工业现场的总线协议，也是全球第一个真正实施的工业现场总线协议。由于其免费公开发行，使用该协议的厂家无须缴纳任何费用。Modbus 通信协议采用的是主-从通信模式（即 Master-Slave 通信模式），其在分散控制方面应用极其普遍，Modbus 协议在全球得到了广泛的应用。

现场总线技术是当今自动化领域技术发展热点之一，被誉为自动化领域的计算机局域网，它的出现标志着自动化控制技术又一个新时代的开始。现场总线是连接设置在控制现场的仪表与设置在控制室内的控制设备的数字化、串行、多站（机）通信的网络。其关键标志是能支持双向、多节点、总线式的全数字通信。现场总线技术近年来成为国际上自动化和仪器仪表发展的热点，它的出现使传统的控制系统结构产生了革命性的变化，使自控系统朝着智能化、数字化、信息化、网络化、分散化的方向迈进，形成新型的网络集成式、全分布式控制系统。现在的现场总线有多种标准并存并且都有自己的生存空间，还没有形成真正统一的标准。另外现场总线的仪表种类还很少、可供选择的余地小，价格也偏高，从最终用户的角度看大多还处于观望状态，都想等到技术成熟之后再考虑，现在实施得还较少。在实际应用中最接近统一的现场总线标准的是 Modbus 和 HART。

2.1.1　Modbus 的几个特点

Modbus 的特点如下所述。

● 开放，用户可以免费、放心地使用 Modbus 协议，不需要交纳许可证费，也不会侵犯知识产权。
● Modbus 支持多种电气接口，如 RS-232、RS-485 等，还可以在各种介质上传输，如双绞线、光纤、无线等。
● Modbus 协议帧格式简单、紧凑，通俗易懂，用户使用容易，厂商开发简单。

Modbus 通信协议具有支持串口（主要是 RS-485 总线）、以太网的多个版本，其中最著名的是 Modbus RTU、Modbus ASCII 和 Modbus TCP 三种。其中 Modbus RTU 与 Modbus ASCII 均为支持 RS-485 总线的通信协议，由于 Modbus RTU 采用二进制数据表达形式以及紧凑的数据结构，通信效率较高，因而应用比较广泛。而 Modbus ASCII 采用 ASCII 码传输，并且利用特殊字符作为其字节的开始与结束标识，其传输效率要远远低于 Modbus RTU，一般只有在通信数据量较小的情况下才考虑使用 Modbus ASCII。在工业现场一般都采用 Modbus RTU，一般而言，大家说的基于串口通信的 Modbus 通信协议都是指 Modbus RTU。

2.1.2　Modbus 网络的三种传输模式

在标准的 Modbus 网络通信中，主控制器可以将 Modbus 设置为三种传输模式：ASCII、RTU 和 TCP。用户可以选择传输模式以及串口通信参数（波特率、校验方式等）。在配置主控制器的时候，注意在同一个 Modbus 网络上的所有设备都必须选择相同的传输模式和串口参数。

1. ASCII 模式

当主控制器设为在 Modbus 网络上以 ASCII（美国标准信息交换代码）模式通信时，消息中的每个 8 bit 的字节都作为一个 ASCII 码（两个十六进制字符）发送。

这种方式的主要优点是字符发送的时间间隔可达到 1 s，不产生错误。

2. RTU 模式

当主控制器设为在 Modbus 网络上以 RTU（远程终端单元）模式通信时，消息中的每个 8 bit 的字节都包含两个 4 bit 的十六进制字符。

这种方式的主要优点是：在同样的波特率下，可比 ASCII 模式传输更多的数据。

目前大部分 Modbus 仪表支持的都是 RTU 模式。

3. TCP 模式

TCP 模式是为了顺应当今世界的发展潮流而出现的，用于通过以太网或互联网来连接和传输数据。由于以太网和互联网遵循的是 TCP/IP 协议，所以被称为 TCP 模式。该模式的硬件接口就是以太网（Ethernet）接口。

2.1.3　Modbus 与串口的关系

Modbus 是 RS-232 和 RS-485 通信时遵守的一种被广泛应用的协议。RS-232 和 RS-485 是串口，也可以说是串行通信的物理接口，简单地说就是硬件。Modbus 是一种国际标准的串行通信协议，简单地说就是软件，用于不同厂商之间的设备交换数据（一般是工业用途）。所谓通信协议，也可以比喻为人与人之间交流用的"语言"，遵循一定的语法。一般情况下，串行通信遵循 Modbus 协议，反过来未必成立，Modbus 未必就是串行通信所用，也可以是以太网 TCP/IP 通信。按照 Modbus 协议传输数据的设备，最早使用 RS-232 作为硬件接口，后来为了远距离传输，常用 RS-485 接口，也有用 RS-422 的。为了跟上互联网时代，Modbus 现在增加定义了以太网口。

2.1.4　Modbus 与串行通信的区别

请回顾一下，我们已经在 1.3.4 节介绍了串口的常用通信格式（9600，N，8，1），也在 1.8 节介绍了单片机串口之间的多机通信协议，然而它们只是一个字节的传输协议，而多个串行字节组合在一起之后还要对其意义进行识别，这就需要一种传输和解析多个串行字节的标准协议，这就是 Modbus。

简单地说，Modbus 就是如何用串口一次连续传输多个字节的协议（读者可以就这么简单理解）；连续发出的多个字节是按顺序排好的。在进行双向通信时，Modbus 规定了一次发送多少个字节，以及字节顺序如何排列。

2.2　Modbus 协议简介

2.2.1　Modbus 协议简述

Modbus 协议详细定义了校验码、数据序列等，这些都是特定数据交换的必要内容。Modbus 协议在一根通信线上使用主从应答式连接（半双工），这意味着在一根单独的通信线上，信号沿着相反的两个方向传输。首先，主机的信号寻址到一台特定地址的终端设备（从机），然后终端设备发出的应答信号以相反的方向传输给主机。

Modbus 协议只允许在主控制器（PC、PLC 等）和终端设备之间通信，而不允许独立的终端设备之间的数据交换，这样各终端设备不会在它们初始化时占据通信线路，除了回应到达本机的查询信号。

当在 Modbus 网络上通信时，此协议规定了每个终端设备都需要知道自己的地址，用于识别主控制器按地址发来的消息，决定要产生何种回应。如果需要回应信号，设备将生成反馈信息并用 Modbus 网络发出。如果是跨 Modbus 网络的通信，其他 Modbus 网络上的符合 Modbus 协议的消息将转换为在此网络上使用的帧或包结构。

2.2.2　Modbus 通信使用的主-从技术

Modbus 通信使用主-从技术（Master-Slave），即仅一个设备（主设备，Master）能初始化传输（查询），其他设备（从设备，Slave）根据主设备查询提供的数据做出相应的回应。典型的主设备是计算机（PC）和可编程控制器（PLC），典型的从设备是可编程仪表等。

主控制器（主设备、主机）可单独和从设备（从机）通信，也可以广播方式和所有从设备通信。如果单独通信，从设备返回一消息作为回应；如果是以广播方式查询的，则不做任何回应。Modbus 协议建立的主控制器查询的格式是：设备（或广播）地址、功能码、所有要发送的数据、错误检测域。

从设备回应消息也符合 Modbus 协议，包括确认要行动的域、任何要返回的数据和一个错误检测域。如果在消息接收过程中发生一个错误或从设备不能执行其指令，从设备将产生一个错误消息并把它作为回应发送出去。

2.2.3　查询-回应周期

1. 查询

查询消息中的功能码告之被选中的从设备要执行何种功能，数据段包含了从设备要执行功能的所有附加信息。例如，功能码 03 要求从设备读保持寄存器并返回它们的内容。数据段必须包含要告之从设备的信息：从哪个寄存器开始读，以及要读寄存器的数量。错误检测域为从设备提供了一种验证消息内容是否正确的方法。

2. 回应

如果从设备产生正常的回应，在回应消息中的功能码则是在查询消息中的功能码的回应。数据段包括了从设备收集的数据，比如寄存器值或状态。如果有错误发生，功能码将被修改以用于指出回应消息是错误的；同时数据段包含了描述此错误信息的代码，错误检测域允许主设备确认消息内容是否可用。

主-从、查询-回应周期如图 2-1 所示。

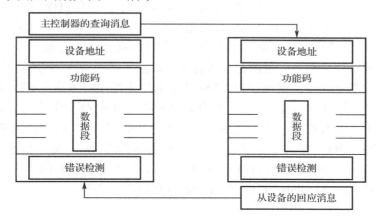

图 2-1　主-从、查询-回应周期

2.3　Modbus 的 ASCII 和 RTU 传输模式

在标准的 Modbus 网络通信，主控制器可设置为两种传输模式（ASCII 和 RTU）中的任何一种。用户可以选择想要的模式，以及串口通信参数（波特率、校验方式等），但在一个 Modbus 网络上的所有设备都必须选择相同的传输模式和串口参数。

每个 Modbus 网络只能使用一种模式，不允许两种模式混用。一种模式是 ASCII（美国信息交换码，见表 2-1），另一种模式是 RTU（远程终端单元，见表 2-2），这两种模式的差别比较参见表 2-3。

表 2-1　ASCII 模式

:	地址	功能码	数据数量	数据 1	...	数据 n	LRC 高字节	LRC 低字节	回车	换行

表 2-2　RTU 模式

地址	功能码	数据数量	数据 1	...	数据 n	CRC 高字节	CRC 低字节

表 2-3　ASCII 和 RTU 传输模式的特性

特性		ASCII（7 位）	RTU（8 位）
编码系统		十六进制（使用 ASCII 可打印的字符为 0～9、A～F）	二进制
每个字符的位数	开始位	1 位	1 位
	数据位（最低有效位靠前）	7 位	8 位
	奇偶校验（可选）	1 位（用于奇偶校验，无校验则无该位）	1 位（用于奇偶校验，无校验则无该位）
	停止位	1 位或 2 位	1 位或 2 位
	错误校验	LRC（纵向冗余校验）	CRC（循环冗余校验）

　　ASCII 可打印字符，便于故障检测，适合使用高级语言（如 FORTRAN、BASIC）编程的计算机及 PLC 主机；RTU 则适合使用机器语言编程的计算机和 PLC 主机。

　　用 RTU 模式传输的数据是 8 位二进制字符，如欲转换为 ASCII 模式，则每个 RTU 字符首先应分为高位和低位两部分，这两部分各含 4 位，然后转换成十六进制的等量值。用以构成报文的 ASCII 字符都是十六进制字符。ASCII 模式使用的字符虽然是 RTU 模式的两倍，但 ASCII 数据的译码和处理更为容易一些。此外，用 RTU 模式时报文字符必须以连续数据流的形式传输，而对于 ASCII 模式，字符之间可产生长达 1 s 的间隔，可适应速率不同的设备。

　　所选的 ASCII 或 RTU 模式仅适用于标准的 Modbus 网络，它定义了在这些网络上连续传输的消息段的每一位，以及决定怎样将信息打包成消息域及如何解码。在其他网络上（如 MAP 和 Modbus Plus），Modbus 消息被转成与串行传输无关的帧。

2.3.1　ASCII 模式

　　在 Modbus 网络上，当主控制器设为以 ASCII 模式通信时，消息中的每个字节都作为两个 ASCII 字符发送。这种方式的主要优点是字符发送的时间间隔可达到 1 s。

　　（1）编码系统：十六进制，ASCII 字符的 0～9、A～F；消息中的每个 ASCII 字符都是由一个十六进制字符组成。

　　（2）每个字节的位：1 位起始位；7 位数据位，最低有效位先发送；1 位奇偶校验位，无校验则无该位；1 位停止位（有校验时）或 2 位停止位（无校验时）。

　　（3）错误检测域：LRC（纵向冗余检测）。

2.3.2　RTU 模式

在 Modbus 网络上，当主控制器设为以 RTU（远程终端单元）模式通信时，消息中的每个字节包含两个 4 bit 的十六进制数。这种方式的主要优点是：在同样的波特率下，可以比 ASCII 模式传输更多的数据。

（1）编码系统：二进制，消息中的每个 8 位域都是由两个十六进制数组成的一个字符。

（2）每个字节的位：1 位起始位；8 位数据位，最低有效位先发送；1 位奇偶校验位，无校验则无该位；1 位停止位（有校验时）或 2 位停止位（无校验时）。

（3）错误检测域：CRC（循环冗余检测）。

2.4　ASCII 和 RTU 消息帧

在两种传输模式中（ASCII 或 RTU），传输设备将 Modbus 消息转为有起点和终点的帧，使接收的设备在消息起始处开始工作，读地址分配信息，判断哪一个设备被选中（广播方式则传给所有设备），判断何时信息已完成，也能侦测到部分消息的错误并且返回结果。

2.4.1　ASCII 帧

使用 ASCII 模式，消息以冒号"："（ASCII 码 3AH）开始，以回车、换行符（ASCII 码 0DH、0AH）结束。其他域可以使用的字符是十六进制的 0～9、A～F。总线上的设备不断侦测冒号"："，当接收到一个冒号"："时，每个设备都解码设备地址来判断消息是不是发给自己的。

消息中几个字符发送的时间间隔最长不能超过 1 s，否则接收的设备将认为传输错误。一个典型 ASCII 消息帧如表 2-4 所示。

表 2-4　ASCII 消息帧

起始位	设备地址	功能码	数据域	LRC 校验	结束符
1 个字符	2 个字符	2 个字符	n 个字符	2 个字符	2 个字符

2.4.2　RTU 帧

使用 RTU 模式，消息发送至少要以 3.5 个字符时间的停顿间隔开始。传输的第一个域是设备地址（这里可以使用的传输字符是十六进制的 0～9、A～F）。网络设备不断侦测网络总线，包括停顿间隔时间。当设备地址被接收到后，每个设备都进行解码以判断消息是不是发给自己的。在最后一个传输字符之后，一个至少 3.5 个字符时间的停顿标定了消息的结束。一个新的消息可在此停顿后开始。

整个消息帧必须作为一连续的流传输。如果在帧完成之前有超过 1.5 个字符时间的停顿时间，接收设备将刷新不完整的消息并假定停顿时间后收到的字节是一个新消息的地址域。同样地，两个消息帧之间的间隔必须大于 3.5 个字符时间。如果一个新消息在小于 1.5 个字符时间内接着前一个消息开始，那么接收的设备将认为它是前一消息的延续，而不是一个新消息的开始，这也会导致消息错误。一个典型的 RTU 消息帧如表 2-5 所示。

表 2-5　RTU 消息帧

起始位	设备地址	功能码	数据域	CRC 校验	结束符
T_1-T_2-T_3-T_4	8 bit	8 bit	2 个 8 bit	16 bit	T_1-T_2-T_3-T_4

2.4.3　地址域

消息帧的地址域（即设备地址）包含 2 个字符（ASCII 帧）或 8 bit（RTU 帧），可能的从设备地址是 0～247（十进制），单个设备的地址范围是 1～247。主设备通过把将要通信的从设备的地址放入消息中的地址域中，以便知道是哪一个从设备做出的回应。

地址 0 是用于广播地址，所有的从设备都能辨识。当 Modbus 协议用于更高水准的网络时，可能不允许广播，通常以其他方式代替。

2.4.4　功能域

消息帧中的功能码域包含了 2 个字符（ASCII 帧）或 8 bit（RTU 帧），可能的范围是十进制的 1～255。当然，有些功能码适用于所有的控制器，有些则应用于某种控制器，还有些保留以备用。

当消息从主设备发往从设备时，功能码将告之从设备需要执行哪些行为。例如，读取输入的开关状态，读一组寄存器的数据内容，读从设备的诊断状态，允许调入、记录、校验从设备中的程序等。

当从设备回应时，它使用功能码来指示是正常回应（无误），还是有某种错误发生（称为异议回应）。对正常回应，从设备仅回应相应的功能码。对异议回应，从设备返回一个等同于正常回应的代码，但其首位为 1。

例如，一从主设备发往从设备的消息要求读一组保持寄存器，将产生如下功能码：00000011（十六进制 03H）。对正常回应，从设备仅回应同样的功能码。对异议回应，它返回10000011（十六进制 83H）。除了功能码因异议错误做了修改，从设备还可以将独特的代码放到回应消息的数据域中，用以告诉主设备发生了什么错误。

主设备应用程序得到异议回应后，典型的处理过程是重发消息，或者诊断发给从设备的消息并报告给操作员。

2.4.5　数据域

数据域是由 2 个十六进制数集合构成的，范围为 00～FF。根据传输模式，这可以由一对 ASCII 字符组成或由一个 RTU 字符组成。

主设备发给从设备消息的数据域包含附加的信息包括：从设备必须执行由功能码所定义的行为，如不连续的寄存器地址、要处理项的数目、域中实际数据字节数。例如，如果主设备需要从设备读取一组保持寄存器（功能码 0x03），数据域指定了起始寄存器以及要读的寄存器数量。如果主设备写一组从设备的寄存器（功能码 0x10），数据域则指明了要写的起始寄存器以及要写的寄存器数量，数据域的数据字节数，要写入寄存器的数据。

如果没有错误发生，从从设备返回的数据域包含请求的数据；如果发生错误，此域包含一异议代码，主设备应用程序可以用来判断并采取下一步行动。在某种消息中数据域可以是不存在的（0 长度），例如，主设备要求从设备回应通信事件记录（功能码 0x0B），从设备则不需任何附加的信息。

2.4.6　错误检测域

标准的 Modbus 网络有两种错误检测方法，错误检测域的内容视所选的检测方法而定。

1. ASCII 模式

当选用 ASCII 模式作为字符帧时，错误检测域包含两个 ASCII 字符，它是使用 LRC（纵向冗余检测）方法对消息内容计算得出的，不包括开始的冒号及回车、换行符。LRC 字符附加在回车、换行符前面。

2. RTU 模式

当选用 RTU 模式作为字符帧时，错误检测域包含一个 16 bit 的值（用两个 8 bit 的字符来实现），错误检测域的内容是通过对消息内容进行循环冗余检测方法得出的。CRC 域附加在消息的最后，添加时先是低字节然后是高字节，故 CRC 的高位字节是发送消息的最后一个字节。

2.4.7　字符的连续传输

当消息在标准的 Modbus 网络传输时，每个字符或字节以如下方式发送（从左到右）：最低有效位……最高有效位。

使用 ASCII 模式字符帧时，位的序列如表 2-6 所示。

表 2-6　使用 ASCII 字符帧时位的序列

位顺序（ASCII）：有奇偶校验									
起始位	1	2	3	4	5	6	7	奇偶位	停止位
位顺序（ASCII）：无奇偶校验									
起始位	1	2	3	4	5	6	7	停止位	停止位

使用 RTU 模式字符帧时，位的序列如表 2-7 所示。

表 2-7　使用 RTU 字符帧时位的序列

位顺序（RTU）：有奇偶校验									
起始位	1	2	3	4	5	6	7	奇偶位	停止位
位顺序（RTU）：无奇偶校验									
起始位	1	2	3	4	5	6	7	停止位	停止位

2.5　错误检测方法

标准的 Modbus 网络采用两种错误检测方法，奇偶校验对每个字符都可用，帧检测（LRC

或 CRC）应用于整个消息，它们都是在消息发送前由主设备产生的，从设备在接收过程中检测每个字符和整个消息帧。

用户要给主设备配置一预先定义的超时时间间隔，这个时间间隔要足够长，以使任何从设备都能正常反应。如果从设备检测到一传输错误，将不会接收消息，也不会向主设备做出回应。这样超时事件将触发主设备来处理错误。发往不存在的从设备的地址也会产生超时。

2.5.1　奇偶校验

用户可以配置控制器是奇或偶校验，或无校验，这将决定每个字符中的奇偶校验位是如何设置的。如果指定了奇或偶校验，那么将计算每个字符中（ASCII 模式 7 个数据位，RTU 中 8 个数据位）"1"的位数。例如，RTU 字符帧中包含以下 8 个数据位。

1 1 0 0 0 1 0 1

整个数据中有 4 个"1"，即"1"的个数是 4。如果使用偶校验，帧的奇偶校验位将是 0，使得"1"的个数仍是 4；如果使用奇校验，帧的奇偶校验位将是 1，使得"1"的个数是 5。

如果没有指定奇偶校验，传输时就没有校验位，也不进行校验检测，将以附加的停止位代替并填充到要传输的字符帧中。

2.5.2　LRC 检测

使用 ASCII 模式时，消息包括了基于 LRC 方法的错误检测域。LRC 域检测消息域中除开始的冒号及结束的回车、换行符外的内容。

LRC 域是一个包含一个 8 位二进制值的字节，LRC 值由发送设备来计算并放到消息帧中，接收设备在接收消息后计算 LRC，并将它和接收到消息中 LRC 值进行比较，如果两值不等，说明有错误。

LRC 方法将消息中的 8 bit 的字节连续累加，但会丢弃进位。

LRC 检验函数如下：

```
static unsigned char LRC(auch Msg,usDataLen)
unsigned char *auchMsg;                     //要进行计算的消息
unsigned short usDataLen:                   //LRC 要处理的字节的数量
{
    unsigned char uchLRC=0;                 //LRC 字节初始化
    while(usDataLen--)                      //传输消息
    uchLRC+=*auchMsg--;                     //累加
    return((unsigned char)(-(char_uchLRC)));
}
```

2.5.3　CRC 检测

使用 RTU 模式时，消息包括了基于 CRC 方法的错误检测域。CRC 域检测整个消息的内容。CRC 域有 2 个字节，是一个 16 位的二进制数，它由发送设备计算后加入消息中。接收设备重新计算收到消息的 CRC，并与接收到的 CRC 域中的值进行比较，如果两值不同，则有误。

CRC 先调入一个值是全 1 的 16 位寄存器，然后将消息中连续的 8 位字节分别与寄存器中的值进行处理。仅每个字符中的 8 bit 数据对 CRC 有效，起始位和停止位以及奇偶校验位均无效。

在 CRC 校验过程中，每个 8 位字符都单独和寄存器内容相或（OR），结果向最低有效位方向移动，最高有效位以 0 填允。LSB 被提取出来检测，如果 LSB 为 1，寄存器单独和预置的值进行或运算；如果 LSB 为 0，则不进行。整个过程要重复 8 次，在最后一位（第 8 位）完成后，下一个 8 bit 字节又单独和寄存器的当前值进行或运算。寄存器中的最终值是消息中所有的字节都执行之后的 CRC 值。

CRC 添加到消息中时，先加入低字节，然后加入高字节。

CRC 检验函数如下：

```
unsigned short CRC16(puchMsg,usDataLen)
unsigned char* puchMsg:                    //要进行 CRC 校验的消息
unsigned short usDataLen:                   //消息中字节数
{
    unsigned char uchCRCHi=0xFF;           //CRC 高字节初始化
    unsigned char uchCRCLo=0xFF:           //CRC 低字节初始化
    unsigned ulndex;                        //CRC 循环中的索引
    while(usDataLen--)                       //传输消息缓冲区
    {
        ulndex=uchCRCHi"*puchMsgg--;        //计算 CRC
        uchCRCHi=uchCRCLo*auchCRCHi：ulndex};
        uchCRCLo=auchCRCLo[ulndex];
    }
    return(uchCRCHi<<8|uchCRCLo);
}
//CRC 高字节值表
static unsigned char auchCRCHi[]={
    0x00,0xCl,0x81,0x40,0x01,0xC0,0x80,0x41,0x01,0xC0,
    0x80,0x41,0x00,0xCl,0x81,0x40,0x01,0xC0,0x80,0x41,
    0x00,0xCl,0x81,0x40,0x00,0xCl,0x81,0x40,0x01,0xC0,
    0x80,0x41,0x01,0xC0,0x80,0x41,0x00,0xCl,0x81,0x40,
    0x00^0xCl,0x81,0x40,0x01,0xC0,0x80,0x41,0x00,0xCl,
    0x81,0x40,0x01,0xC0,0x80,0x41,0x01,0xC0,0x80,0x41,
    0x00,0xCl,0x81,0x40,0x01,0xC0,0x80,0x41,0x00,0xCl,
    0x81,0x40,0x00,0xCl,0x81,0x40,0x01,0xC0,0x80,0x41,
    0x00,0xCl,0x81,0x40,0x01,0xC0,0x80,0x41,0x01,0xC0,
    0x80,0x41,0x00,0xCl,0x81,0x40,0x00,0xCl,0x81,0x40,
    0x01,0xC0,0x80,0x41,0x01,0xC0,0x80,0x41,0x00,0xCl,
    0x81,0x40,0x01,0xC0,0x80,0x41,0x00,0xCl,0x81,0x40,
    0x00,0xCl,0x81,0x40,0x01,0xC0,0x80,0x41,0x01,0xC0,
    0x80,0x41,0x00,0xCl,0x81,0x40,0x00,0xCl,0x81,0x40,
    0x01,0xC0,0x80,0x41,0x00,0xCl,0x81,0x40,0x01,0xC0,
    0x80,0x41,0x01,0xC0,0x80,0x41,0x00,0xCl,0x81,0x40,
    0x00,0xCl,0x81,0x40,0x01,0xC0,0x80,0x41,0x01,0xC0,
    0x80,0x41,0x00,0xCl,0x81,0x40,0x01,0xC0,0x80,0x41,
```

```
      0x00,0xCl,0x81,0x40,0x00,0xCl,0x81,0x40,0x01,0xC0,
      0x80,0x41,0x00,0xCl,0x81,0x40,0x01,0xC0,0x80,0x41,
      0x01,0xC0,0x80,0x41,0x00,0xCl,0x81,0x40,0x01,0xC0,
      0x80,0x41,0x00,0xCl,0x81,0x40,0x00,0xCl,0x81,0x40,
      0x01,0xC0,0x80,0x41,0x01,0xC0,0x80,0x41,0x00,0xCl,
      0x81,0x40,0x00,0xCl,0x81,0x40,0x01,0xC0,0x80,0x41,
      0x00,0xCl,0x81,0x40,0x01,0xC0,0x80,0x41,0x01,0xC0,
      0x80,0x41,0x00,0xCl,0x81,0x40
}
//CRC 低字节值表
static char auchCRCLo[]={
      0x00,0xC0,0xCl,0x01,0xC3,0x03,0x02,0xC2,0xC6,0x06,
      0x07,0xC7,0x05,0xC5,0xC4,0x04,0xCC,0x0C,0x0D,0xCD,
      0x0F,0xCF,0xCE,0x0E,0x0A,0xCA,0xCB,0x0B,0xC9,0x09,
      0x08,0xC8,0xD8,0x18,0x19,0xD9,0xlB,0xDB,0xDA,0xlA,
      0xlE,0xDE,0xDF,0xlF,0xDD,0xlD,0xlC,0xDC,0x14,0xD4,
      0xD5,0x15,0xD7,0x17,0x16,0xD6,0xD2,0x12,0x13,0xD3,
      0x11,0xDl,0xD0,0x10,0xF0,0x30,0x31,0xFl,0x33,0xF3,
      0xF2,0x32,0x36,0xF6,0xF7,0x37,0xF5,0x35,0x34,0xF4,
      0x3C,0xFC,0xFD,0x3D,0xFF,0x3F,0x3E,0xFE,0xFA,0x3A,
      0x3B,0xFB,0x39,0xF9,0xF8,0x38,0x28,0xE8,0xE9,0x29,
      0xEB,0x2B,0x2A,0xEA,0xEE,0x2E,0x2F,0xEF,0x2D,0xED,
      0xEC,0x2C,0xE4,0x24,0x25,0xE5,0x27,0xE7,0xE6,0x26,
      0x22,0xE2,0xE3,0x23,0xEl,0x21,0x20,0xE0,0xA0,0x60,
      0x61,0xAl,0x63,0xA3,0xA2,0x62,0x66,0xA6,0xA7,0x67,
      0xA5,0x65,0x64,0xA4,0x6C,0xAC,0xAD,0x6D,0xAF,0x6F,
      0x6E,0xAE,0xAA,0x6A,0x6B,0xAB,0x69,0xA9,0xA8,0x68,
      0x78,0xB8,0xB9,0x79,0xBB,0x7B,0x7A,0xBA,0xBE,0x7E,
      0x7F,0xBF,0x7D,0xBD,0xBC,0x7C,0xB4,0x74,0x75,0xB5,
      0x77,0xB7,0xB6,0x76,0x72,0xB2,0xB3,0x73,0xBl,0x71,
      0x70,0xB0,0x50,0x90,0x91,0x51,0x93,0x53,0x52,0x92,
      0x96,0x56,0x57,0x97,0x55,0x95,0x94,0x54,0x9C,0x5C,
      0x5D,0x9D,0x5F,0x9F,0x9E,0x5E,0x5A,0x9A,0x9B,0x5B,
      0x99,0x59,0x58,0x98,0x88,0x48,0x49,0x89,0x4B,0x8B,
      0x8A,0x4A,0x4E,0x8E,0x8Ff0x4F,0x8D,0x4D,0x4Cf0x8C,
      0x44,0x84,0x85,0x45,0x87,0x47,0x46,0x86,0x82,0x42,
      0x43,0x83,0x41,0x81,0x80,0x40
};
```

2.6 Modbus 的功能码定义

我们再回顾一下 Modbus RTU 的信息帧，以弄明白功能码在信息帧中的位置。功能码是信息帧的一部分，其他部分是数据、地址等，功能码决定这些数据、地址等将起到什么作用。正是 Modbus 协议对这些功能码的定义，才使得这些数据和地址符合 Modbus 的协议。功能码是 Modbus 协议的编码，相当于是内部通信密码，打个很简单的比方，它相当于开锁的钥匙。

2.6.1　功能码在 Modbus RTU 信息帧中的位置

Modbus 以帧的方式传输，每帧有确定的起始位和结束位，使接收设备在信息的起始位后开始读地址，并确定要寻址的设备，以及信息传输的结束时间。

RTU 模式中，信息开始至少需要有 3.5 个字符的停顿时间，依据使用的波特率，很容易计算这个停顿的时间（如表 2-8 中的 T_1-T_2-T_3-T_4）。

表 2-8　功能码在 Modbus RTU 信息帧中的位置

起始位	设备地址	功能码	数据域	CRC 校验	结束位
T_1-T_2-T_3-T_4	8 bit	8 bit	2 个 8 bit	16 bit	T_1-T_2-T_3-T_4

各个域允许发送的字符均为十六进制的 0～9、A～F。Modbus 网络上的设备连续监测网络上的信息，包括停顿时间。当接收第一个地址数据时，每台设备立即对它解码，以决定是不是自己的地址。发送完最后一个字符后，也有一个至少 3.5 个字符的停顿时间，然后才能发送一个新的信息。整个信息必须连续发送。如果在发送信息帧期间，出现大于 1.5 个字符的停顿时间，则接收设备刷新不完整的信息，并进行下一个地址数据接收。有效的从设备的地址范围为 0～247（十进制），各从设备的寻址范围为 1～247。主设备把从设备的地址放入信息帧的设备地址域，并向从设备寻址。从设备响应时，把自己的地址放入响应信息的设备地址域，让主设备识别已做出响应的从设备地址。地址 0 用于广播地址，所有从设备均能识别。

接在设备地址后面的就是功能码，接在功能码的后面是数据域。

数据域有 2 个十六进制的数据，数据范围为 00～FF（十六进制）。主设备向从设备发送的数据中包含了从机执行主设备功能码中规定的请求动作，如逻辑线圈地址、处理对象的数目，以及实际的数据字节数等。

接在数据域后面的是校验域（CRC 校验）。CRC 校验有 2 个字节，包含一个 16 位的值（2 个 8 位字节），它由发送设备计算后加入消息中。接收设备重新计算收到消息的 CRC 值，并与接收到的 CRC 值进行比较，如果两值不同，则有误。

2.6.2　常用功能码

虽然 Modbus 协议相当复杂，但是常用的命令只有简单的几个，常用的 8 个功能码如表 2-9 所示。

表 2-9　Modbus 常用功能码的作用

功能码		名　称	功　能	数据类型	作　用
十进制	十六进制				
01	01H	读取逻辑线圈状态	读	位	读取一组逻辑线圈的当前状态（ON/OFF）
02	02H	读取输入状态	读	位	读取一组开关输入的当前状态（ON/OFF）
03	03H	读取保持寄存器	读	整型、浮点型	在一个或多个保持寄存器中读取当前值

功能码		名　　称	功　能	数据类型	作　用
十进制	十六进制				
04	04H	读取输入寄存器	读	整型、浮点型	在一个或多个输入寄存器中读取当前值
05	05H	强置单逻辑线圈	写	位	强置一个逻辑线圈的通断
06	06H	预置单寄存器	写	整型、浮点型	把数值写入一个保持寄存器
15	0FH	强置多个逻辑线圈	写	位	强置多个连续逻辑线圈的通断
16	10H	预置多寄存器	写	整型、浮点型	把数值写入一连串的保持寄存器

2.6.3　全部功能码的作用

　　Modbus 网络只有一个主设备，所有通信都由它发起。可支持 247 个的远程从设备，但实际所支持的从设备数要由所用通信设备的类型来决定。采用这个系统，各从设备可以和主设备交换信息而不影响各从设备执行本身的控制任务。表 2-10 是 Modbus 全部功能码的作用。

表 2-10　Modbus 全部功能码的作用

功能码	名称	作　用
01	读取逻辑线圈状态	读取一组逻辑线圈的当前状态（ON/OFF）
02	读取输入状态	读取一组开关输入的当前状态（ON/OFF）
03	读取保持寄存器	在一个或多个保持寄存器中读取当前的二进制值
04	读取输入寄存器	在一个或多个输入寄存器中读取当前的二进制值
05	强置单逻辑线圈	强置一个逻辑线圈的通断
06	预置单寄存器	把具体二进制的数值写入一个保持寄存器
07	读取异常状态	读取 8 个内部逻辑线圈的通断状态，这 8 个逻辑线圈的地址由控制器决定，用户逻辑可以定义这些逻辑线圈，以说明从设备状态，短报文适宜于迅速读取状态
08	回送诊断校验	把诊断校验报文发送到从设备，以对通信处理进行判断
09	编程（只用于 484）	使主设备模拟编程器的作用，修改 PLC 从设备逻辑
10	查询（只用于 484）	可使主设备与一台正在执行长程序任务的从设备通信，查询该从设备是否已完成其操作任务，仅在含有功能码 9 的报文发送后，本功能码才发送
11	读取事件计数	可使主设备发出查询，并随即判定操作是否成功，尤其是该命令或其他应答产生通信错误时
12	读取通信事件记录	可使主设备检索每台从机的 Modbus 事务处理通信事件记录。如果某项事务处理已完成，记录会给出有关错误

续表

功能码	名称	作　　用
13	编程（184、384、484、584）	可使主设备模拟编程器的功能，修改 PLC 从机逻辑
14	探询（184、384、484、584）	可使主设备与正在执行任务的从设备通信，定期查询该从设备是否已完成其程序操作，仅在含有功能码 13 的报文发送后，本功能码才得发送
15	强置多逻辑线圈	强置多个连续逻辑线圈的通断
16	预置多寄存器	把具体的二进制值装入多个连续的保持寄存器
17	报告从设备标识	可使主设备判断从设备的类型，以及该从设备运行指示灯的状态
18	（884 和 MICRO 84）	可使主设备模拟编程的功能，修改 PLC 从机逻辑
19	重置通信链路	发生非可修改错误后，是从设备复位于已知状态，可重置顺序字节
20	读取通用参数（584L）	显示扩展存储器文件中的数据信息
21	写入通用参数（584L）	把通用参数写入扩展存储文件，或修改之
22～64	保留作为扩展功能备用	
65～72	保留以备用户功能所用	保留作为用户功能的扩展编码用
73～119	非法功能	
120～127	保留	保留作为内部使用
128～255	保留	用于异常应答

2.7　Modbus 的 TCP 传输模式

　　前面已经介绍了 Modbus 的 ASCII 和 RTU 传输模式，特别是常用的 RTU 模式。我们只需要了解 Modbus 的 TCP 传输模式与 RTU 模式的差别，就可以了解 TCP 传输模式了。

　　Modbus TCP 和 Modbus RTU 两种传输模式的本质都是 Modbus 协议，都是靠 Modbus 寄存器地址来交换数据的，但所用的硬件接口不同。Modbus RTU 一般采用串口 RS-232 或 RS-485，而 Modbus TCP 一般采用以太网口。现在市场上有很多协议转换器，可以轻松地实现这些不同的协议之间的相互转换，比如本书将要用单独一章介绍的以太网串口服务器。

　　标准的 Modbus 控制器使用 RS-232 实现串口的 Modbus。Modbus 的 ASCII、RTU 规定了数据的结构、命令和应答方式，数据通信采用主-从方式。Modbus 协议需要对数据进行校验，串行协议中除了奇偶校验，ASCII 模式采用 LRC 校验，RTU 模式采用 16 位 CRC 校验。Modbus TCP 模式没有额外规定校验，因为 TCP 协议是一个面向可靠连接的协议。

　　TCP 和 RTU 协议非常类似，只要在 RTU 协议的开始加上 5 个 "00" 和 1 个 "06"，然后把 RTU 协议的最后两个字节的校验码去掉，并通过 TCP/IP 网络发送出去即可。

　　Modbus TCP 协议则是在 RTU 协议上加一个 MBAP 报文头，由于 TCP 是面向可靠连接的协议，不再需要 RTU 协议中的 CRC 校验码，所以在 Modbus TCP 协议中没有 CRC 校验码，用一句比较通俗的话说就是：Modbus TCP 协议就是 Modbus RTU 协议在前面加上 5 个 "00" 以及 1 个 "06"，然后去掉 2 个 CRC 校验码字节就可以了。虽然这句话说得不是特别准确，但是也基本上把 RTU 与 TCP 之间的区别说得比较清楚了。

RTU 协议中的指令由地址码（1 字节）、功能码（1 字节）、起始地址（2 字节）、数据（n 字节）、校验码（2 字节）五部分组成，其中数据又由数据长度（2 字节，表示的是寄存器个数，假定内容为 M）和数据正文（M 乘以 2 字节）组成，RTU 协议采用 3.5 个字符的停顿时间作为指令的起始和结束，一般而言，只有当从设备返回数据或主设备写操作的时候，才会有数据，而其他时候，比如主设备读操作指令时，没有数据，只需要数据长度即可（本节的讨论只涉及寄存器的读写，其他比如逻辑线圈的读写指令暂不涉及）。

如上所述，Modbus TCP 协议在 RTU 协议前面添加了 MBAP 报文头，共 7 字节，其分别的意义是：

（1）传输标志，2 字节，表示 Modbus 询问-回应传输，一般默认为 00 00。

（2）协议标志，2 字节，0 表示为 Modbus，1 表示 UNI-TE 协议，一般默认也为 00 00。

（3）后续字节计数，2 字节，其实际意义就是后面的字节数量。

（4）单元标志，1 字节，一般默认为 00。单元标志对应于 Modbus RTU 协议中的设备地址，当 RTU 与 TCP 之间进行协议转换的时候，特别是 Modbus 网关转换协议，在 TCP 协议中，该数据就对应 RTU 协议中的设备地址。

前面就已经说过，TCP 协议就是在 RTU 协议的基础上去掉校验码以及加上 5 个 "00" 和 1 个 "06"。如果是读取相关寄存器，该说法是没有错的，比如 RTU 的 "01 03 01 8E 00 04 25 DE" 读取指令，用 TCP 协议来表述的话，指令是 "00 00 00 00 00 06 00 03 01 8E 00 04"。由于 TCP 是面向可靠连接的，不存在所谓的地址码，所以 "06" 后面一般都是 "00"（当其作为 Modbus 网关服务器挂接多个 RTU 设备的时候，数值为 01～FF），即 "00 03 01 8E 00 04" 对应的是 RTU 中去掉校验码的指令，前面则是 5 个 "00" 以及 1 个 "06"，其中 "06" 表示的是数据长度，即 "00 03 01 8E 00 04" 为 6 字节，如表 2-11 所示。

表 2-11　Modbus RTU 与 Modbus TCP 读指令对比

	MBAP 报文头	设备地址	功能码	寄存器地址	寄存器数量	CRC 校验
Modbus RTU	无	01	03	01 8E	00 04	25 DE
Modbus TCP	00 00 00 00 00 06 00	无	03	01 8E	00 04	无

指令的含义：从设备地址为 01（TCP 协议单元标志为 00）的模块 0x018E（01 8E）寄存器地址开始读（03）4 个（00 04）寄存器。

当 TCP 为写操作指令时，其指令为 "00 00 00 00 00 09 01 10 01 8e 00 01 02 00 00"，其中 "00 09" 表示后面有 9 字节，如表 2-12 所示。

表 2-12　Modbus RTU 与 Modbus TCP 写指令对比

	MBAP 报文头	设备地址	功能码	寄存器地址	寄存器数量	数据长度	正文	CRC 校验
RTU	无	01	10	01 8E	00 01	02	00 00	A8 7E
TCP	00 00 00 00 00 09 00	无	10	01 8E	00 01	02	00 00	无

指令的含义：从设备地址为 01（TCP 协议单元标志为 00）的模块 0x018E（01 8E）寄存器地址开始写（10）一个（00 01）寄存器，具体数据长度为 2 字节（02），数据内容为 00 00（00 00）。

使用 RS-232 和 RS-485 的 Modbus 协议是现在流行的一种工业串行通信方式，其特点是实施简单方便，而且现在支持 RS-232 或 RS-485 的仪表又特别多，特别是在电力和化工行业，RS-485/Modbus 简直是一统天下。现在的仪表商也纷纷转而支持 RS-485/Modbus。原因很简单，就是出于成本考虑。RS-485 接口便宜而且种类繁多，至少在低端市场 RS-485/Modbus 在近期还将是最主要的串行通信组网方式。

上面所指的昂贵的串行通信网络就是 HART，一种将串口、变送电路以及串行通信协议包括在一起的工业标准。HART 电气接口是基于 Modem 变压器信号的，比差分电平的 RS-485 更可靠，具体表现为不易损坏，这一点在工业通信上尤为重要。因为 Modem 的对外接口就是一个隔离变压器，而 RS-485 是集成电路。RS-485 即使隔离也是在用集成电路把 RS-485 转换为 TTL 电平后进行隔离的，而不是对 RS-485 的直接隔离。HART 是一个相对封闭的串行通信标准，想要让产品加上 HART 标记，厂家必须加入 HART 基金会。与 RS-485/Modbus 相比，HART 仪表价格昂贵，而且更换 HART 配件比较困难。HART 协议将在下一章讨论。

第3章

HART 协议

HART 协议是由 Rosemount（现在是艾默生旗下品牌之一）提出的一种过渡性现场总线标准，主要是在 4～20 mA 电流信号上面叠加数字信号，物理层采用 Bell 202 标准的 FSK（频移键控）技术，成功地实现模拟信号和数字信号双向同时通信而不互相干扰，以实现部分智能仪表的功能。此协议不是一个真正意义上开放的标准，要加入 HART 基金会才能拿到协议，加入基金会要缴纳费用。HART 技术目前主要被国外几家大公司垄断，近几年国内也有公司在研究 HART，但还没有达到国外公司的水平。现在国内的智能仪表有许多都带有 HART 通信圆卡，即具备 HART 通信功能，但大多只能通过手动操作器对 HART 仪表进行参数设定，还没有发挥出 HART 智能仪表应有的功能，比如还没有联网进行设备监控。从长远来看，由于 HART 仪表已经有许多年的历史，现在在装数量非常巨大，对于一些系统集成商来说，还有很大的可利用空间。只要价格足够便宜，HART 仪表还有很大的市场空间。

HART 也是一种事实上的现场总线。虽然目前还没有形成完全统一的现场总线标准，但在实际应用中 HART 是仅次于 Modbus 的最接近统一现场总线的标准。现代工业生产中存在着多种不同的主设备和现场设备，要想很好地使用它们，完善的通信协议是必需的。HART 协议参照了国际标准化组织的开放性互连模型，使用 OSI 标准的物理层、数据链路层、应用层。HART 协议规定了传输的物理形式、消息结构、数据格式和一系列操作指令，是一种主-从协议。当通信模式为"问答式"时，一个现场设备只做出被要求的应答。HART 协议允许系统中存在 2 个主机（一个用于系统控制，另一个用于 HART 通信的手持设备），如果不需要模拟信号，多点系统中的一对电缆线上最多可以连接 15 个从设备。

3.1 HART 协议概述

HART 协议，即 Highway Addressable Remote Transducer Protocol，可寻址远程传感器高速公路协议的简称。其定义用一句话概括是：在 4～20 mA 的模拟信号上叠加 FSK 数字信号，可以传输模拟和数字两种信号。对于日益增加的智能化现场仪表的模拟-数字混合式通信来说，HART 协议已经成为事实上的工业标准。HART 通信不需要增加布线，可以通过现有的连线进行。由于允许模拟信号和数字信号并存，所以当在数字通信上花费时间而增加测量延迟的时候，HART 通信可以用模拟信号来实现控制。在纯数字通信的情况下，HART 协议允许采用多点模式，即将多个现场仪表连接到一对导线上，通过智能仪表分别读取各个变送器的数据。

多年以来，传统的 4～20 mA 信号一直成为现场仪表信号传输的标准，在自动化设备之间信息通信受到了极大的限制，仅能得到与过程变量成正比的电流信号。而 HART 将 1200 b/s 的 FSK 信号加载在 4～20 mA 的模拟信号上进行通信，它的均值为 0，并且这个 FSK 信号对模拟信号毫无影响，如图 3-1 所示。在纯数字通信中，HART 最多可以允许加载 15 个现场设备。HART 协议为了在信号衰减的情况下继续通信而对接收器和发送器的灵敏性做了特别的规定，这样也减少了干扰和码间串扰的可能性。

HART 协议的显著特性之一就是它可以同时进行模拟和数字通信。多年以来，设备使用的现场通信标准是 4～20 mA 的模拟电流信号。在大多数应用中，它们用 4～20 mA 之间的值来表示被测量的参数，如温度和压力。而 HART 协议不仅在传输过程测量参数，还利用模拟信号上叠加的数字信号来传输控制信息。这样，HART 协议就可以支持大多数智能设备和大量存在的模拟设备。从图 3-1 中我们可以看到，HART 协议使用 Be11 202 频移键控技术，在 4～20 mA 的模拟信号基础上叠加正弦波的数字信号。FSK 信号相位连续，这样就不会影响 4～20 mA 的模拟信号。也就是说，FSK 信号的平均值为

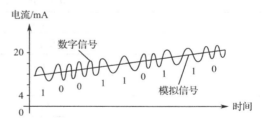

图 3-1　HART 将数字信号叠加在 4～20 mA 的模拟信号上

0。图中的逻辑"1"由 1200 Hz 频率表示，逻辑"0"由 2200 Hz 代表，信息传输速率是 1200 b/s。

HART 属于模拟系统向数字系统转变过程中的过渡性产品，因而，在当前的过渡时期具有较强的市场竞争能力，得到了较快的发展。HART 协议提供相对较低的带宽和中等响应时间的通信，其典型应用包括远程过程变量查询、参数设定和对话。为满足工业过程对 HART 协议的日益需求，在 1993 年成立了 HART 通信基金会，它是一个独立的、非营利机构，主要职责是制订、维护及升级 HART 协议的标准，登记注册会员、提供对应用 HART 技术在全球范围内的技术支持和培训。HART 已成为智能仪表事实上的现场总线工业标准，并得到了广泛的应用。目前，世界上已有 100 多家公司采纳了这一协议，其中有许多著名的公司，如 Rosemount、Foxboro、Smar、ABB、Moore、Honeywell 等，共生产了近 600 种 HART 协议设备，几乎覆盖了所有种类的过程测量仪表和执行设备。

HART 协议的优良特性表现在以下两个方面。

（1）先进的通信协议。随着工业现场总线的出现，各种支持现场总线的传输协议被广泛用到工业生产的各个方面，HART 协议是智能过程设备中采用的一种先进的通信技术，兼容模拟信号与数字信号的传输，现在，越来越多的智能设备的通信都采用 HART 协议。

（2）适用于当今独特的通信方式。HART 协议是一种过渡时期的协议，这个过渡时期是指由模拟向数字通信的转变时期，过去存在的大量模拟传输线路和设备不可能立即取消，而大量的数字化仪器仪表又不断出现。HART 协议为今天还大量存在的传统模拟设备和今后数字设备的兼容性提出了独特的通信方案，这种方案确保了现存基于模拟的电缆设备和电流控制策略还可以很好地应用于将来的数字设备。

HART 协议之所以适用于现状，是因为它在进行双向数字通信的同时传输 4～20 mA 的模拟信号，数字通信满足了现场智能设备的需要，而 4～20 mA 的模拟信号又支持传统的仪器设备。HART 协议独特的通信方式是基于对 4～20 mA 模拟信号的充分考虑，向过程测量和控制设备提供了两种通信方式，其应用包括远距离过程变量查询、过程数据的循环接入、参数设置和诊断。

3.2　HART 通信结构模型

HART 通信结构模型以国际标准化组织的开放性互连模型为参照，分为三层，对应于 OSI 的应用层、数据链路层和物理层，如表 3-1 所示。

表 3-1　HART 通信结构模型

分层	OSI 层次	HART 层次
7	应用层	HART 命令
6	表示层	未使用
5	会话层	未使用
4	传输层	未使用
3	网络层	未使用
2	数据链路层	协议规范
1	物理层	Bell 202

HART 协议规定了用户与用户之间的通信规则，并通过上下层间的接口服务实现 HART 通信模式，如图 3-2 所示。以这样的模式，也可在主设备与现场设备之间建立通信连接。下面就对各层分别进行阐述。

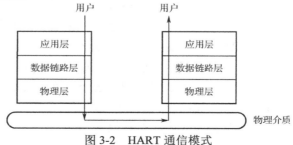

图 3-2　HART 通信模式

3.2.1　HART 协议物理层

　　物理层规定了信号的传输方式、信号电平、设备阻抗和传输介质。HART 信号传输是基于 Bell 202 通信标准的，采用 FSK 方式，数字信号的传输速率设定为 1200 b/s，数字信号的"0"和"1"分别用 2200 Hz 和 1200 Hz 的正弦波表示，将正弦波叠加在模拟信号上一起传输，如图 3-3 所示。正弦波信号的平均值为 0，对模拟信号不会产生任何影响。通常采用双绞同轴电缆作为传输介质，单设备传输距离可达 3000 m，而多设备互连最大传输距离可达 1500 m。

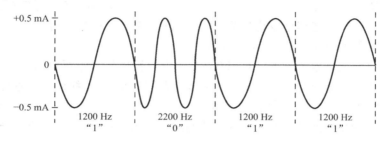

图 3-3　HART 调制频率信号

　　Bell 202 通信标准本来是在电话线上进行数字通信的标准，是利用电话线来传输数字信号的，也就是传真机用的通信协议。虽然 HART 信号的调制/解调也采用了与传真机相同的 Bell 202 标准，但是 HART 对阻抗和信号水平的规定与传真机不同，特别是 HART 的 4 mA 低功耗要求。HART 信号的调制/解调需要使用专门的调制/解调器芯片来满足这些特别的性能要求。

　　HART 协议规定主设备（单主设备控制系统或手操机通信系统）传输的是电压信号，而从设备传输的是电流信号。通常的二线传输用于控制环路的电流，通过一些控制系统来抽样，进行模拟/数字信号的转换，这个转换要求不能影响现存的 HART 信号。

　　经过环路负载电阻，电流信号转化为相应的电压信号，于是所有设备使用的就是感应电压接收电路，这一点对于后面接口电路的设计很重要。主设备传输信号的峰-峰值最低为 400 mV，最高为 600 mV；从设备传输信号的峰-峰值最低为 0.8 mA，最高为 1.2 mA，加载到 230 Ω 电阻上转化成的电压信号的最低值为 184 mV，加载到 1100 Ω 电阻上转化成的电压信号的最大值为 1320 mV；正确接收时接收器的灵敏度（限定了信号由于线缆和其他部分影响产生的衰减）为 120 mV～2 V，接收限（规定的是外部信号干扰和其他非 HART 信号通过 HART 信号的连接线路带来的信号下降）为 80 mV。从控制系统到阀门处的输出电路传输的信号电压相同，与前面不同的是，从设备传输的也是电压信号，这样现场设备的阻抗就形成了环路负载电阻。

3.2.2　HART 协议数据链路层

　　在 HART 协议的数据链路层中规定了 HART 协议帧的格式，实现建立、维护、结束链路的通信功能。HART 协议根据冗余检错码信息，采用自动重复请求发送机制（ARQ），消除由于线路噪声或其他干扰引起的数据通信出错，实现通信数据的无差错传输。数据链路层协议规范的目的是建立一种与现场仪表等从设备间的可靠的双向数据通信通道。

数据链路层规定 HART 协议帧的格式，可寻址范围为 0～15。当地址为 0 时，处于 4～20 mA 及数字信号点对点模式。现场仪表与两个数字通信主设备（也称为通信设备或主设备）之间采用特定的串行通信，主设备包括 PC 或控制系统和手持通信器。在单点模式中，主变量（过程变量）可以以模拟形式输出，也可以以数字通信方式读出，当以数字方式读出时，轮询地址始终为 0。也就是说，单点模式时数字信号和 4～20 mA 的模拟信号同时有效。

HART 协议帧还可以在一根双绞线上以全数字的方式通信。当地址为 1～15 时，处于全数字通信状态，工作在一点对多点模式。一个链路上可支持 15 个短地址从设备，若使用长地址，设备数可不受限制，它只取决于所要求的通信链路上的查询速率。通信模式有问答方式、突发方式（点对点、自动连续地发送信息）。按问答方式工作时的数据更新速率为 2～3 次/s，按突发方式工作时的数据更新速率为 3～4 次/s。

采用全数字方式或多点模式时，4～20 mA 的模拟输出信号不再有效（输出设备在 4 mA 时功耗最小，主要是为变送器供电，各个现场装置并联连接），系统以数字通信方式依次读取并联在一对传输线上的多台现场仪表的测量值（或其他数据）。如果以这种方式构成控制系统，可以显著地降低现场布线的费用和减少主设备输入接口电路，这对于控制系统有重要价值。HART 协议根据冗余检错码信息，采用自动重复请求发送机制，消除了由于线路噪声或其他干扰引起的数据误码，可实现数据的无差错传输。

HART 协议把所有的设备分为 3 类：从设备、突发模式设备和主设备。从设备是最普遍与最基本的设备类型，它接收和提供带有测量值或其他数据的数字信号，现场智能仪表一般为从设备。突发模式设备在固定的时间间隔发出带有测量值或其他数据的数字信号响应，而不包含被特别请求的数据，该设备通常作为一个独立广播的设备。主设备负责初始化、控制和终止与从设备或突发模式设备的交互。主设备又可分为第一主设备和第二主设备，第一主设备通常指控制系统，第二主设备指 HART 协议的手持设备。

在本质安全要求下，只使用一个电源，至多能连接 15 台现场设备，每个现场设备可有 256 个变量，每个信息最大可包含 4 个变量。这就是所谓的多点（多站）操作模式。这种工作方式尤其适用于远程监控，如管道系统和油罐存储系统。利用总线供电，HART 仪表（设备）可满足本质安全的防爆要求。

3.2.3　HART 协议应用层

HART 协议的应用层以命令的格式提供编程接口，所有的读写操作都以命令的形式完成。另外，链路管理等协议本身一些功能也由命令来实现。

在通信时，一条命令按命令格式组装成一个完整的 HART 协议帧，然后一次发送出去。数据链路层规定了 HART 帧的格式，但是数据链路层并不解释 HART 帧中的数据段的含义，这个工作由 HART 协议的应用层来完成。应用层规定了 HART 消息包中的 3 类命令：第一类是通用命令，适用于符合 HART 协议的所有产品，为符合 HART 协议的设备提供功能描述；第二类是普通命令，适用于符合 HART 协议的大部分产品，当设备具有某些功能时，该命令用于对这些功能的描述；第三类是特殊命令，适用于符合 HART 协议的特殊产品，提供一些特殊的功能描述命令。对于厂家生产的具有特殊功能的产品，HART 还提供了设备描述语言（Device Description Language，DDL），以确保互操作性。

3.2.4　各层间的功能关系

物理层的基本任务是为数据传输提供合格的物理信号波形，且直接与传输介质连接。物理层作为电气接口，一方面接收来自数据链路层的信息，把它转换为物理信号并传输到现场总线的传输介质上，起到发送驱动器的作用；另一方面把来自总线传输介质的物理信号转换为信息并送往数据链路层，起到接收器的作用，当它收到来自数据链路层的数据信息时，需按照 HART 协议规范对数据帧加上前导码与定界符等，并对其进行数据编码，再经过发送驱动器，把所产生的物理信号传输到总线的传输介质上。另一方面，它又从总线上接收来自其他设备的物理信号，对其去除前导码、定界符后并进行解码，把数据信息送往数据链路层。而数据链路层规定了物理层和应用层之间的接口，该层还控制对传输介质的访问，决定是否可以访问以及何时访问。

3.3　HART 的消息帧结构

回顾一下前面两章，我们知道 RS-232 串行通信协议是传输一个字节（Byte）的协议，而 Modbus 是用串口一次连续传输多个字节的协议。那么，在这里我们要说，HART 是另外一种用串口一次连续传输多个字节的协议。我们称一次连续传输的多个字节为一帧。

HART 协议一次连续传输的多个字节称为 HART（协议）帧，一个 HART 帧包括多个字节，一个字节包含多个位（Bit）。串行通信的一个字节一般包含了 11 位：1 个起始位、8 个数据位、1 个奇/偶校验位及 1 位停止位。HART 协议借用了串行通信的字节定义，即 1 个字节用了 11 位，波特率为 1200 b/s。

从图 3-4 中可以看出一个字节序列的完整的特性，图中最先传输的是最低位 D0。

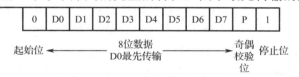

图 3-4　HART 协议的字节格式

进一步深入 HART，涉及 HART 帧或者消息包的结构。每一帧或消息包由许多字节组成，包括用字节表示的源地址和目的地址，以确保消息传输到正确的位置，还有奇偶校验位用于确保数据的正确、完备，以及通信状态的正常。消息中的数据位可能有也可能无，另外还有一些特殊的命令消息。由于数据的有无和长短不固定，所以 HART 帧的长度不能超过 25 字节。一般的 HART 帧结构可以用图 3-5 表示。

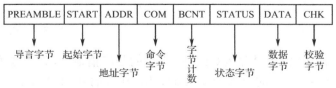

图 3-5　HART 帧结构

从图 3-5 可以看到一般的 HART 帧结构，包括导言（前导）字节、起始字节、地址字节、命令字节、字节计数、状态字节、数据字节和校验字节等。注意这里的每一部分都由一个或多个字节组成，每个字节都有 11 位。

HART 5.0 以前版本的设备一般采用短结构，单一的现场设备如果只利用 4～20 mA 的电流信号进行测量，从设备的地址都是 0；对于多设备而言，从设备的地址是 1～15。这种短结构的地址采用随机的方法，为从设备随机分配 1～15 中的一个。HART 5.0 版本推出了长结构，这种格式的从设备地址具有独一无二性，如同每个网卡中物理地址一样，全世界范围内都没有重复，一般占 5 个地址字节中的 38 位，这 38 位地址信息包含了生产厂家的代码、设备型号码和设备识别码。这种格式减少了误传输和误接收的可能性。现在大多数主设备既支持长结构又兼容短结构，当从设备的应答信号中没有唯一性标识码时，HART 5.0 及其以上的版本提供的 0 地址，就可以用于短帧中的设备地址识别。也就是说，主设备将根据应答信号中是否具有唯一标识码来决定结构格式是长结构还是短结构。

下面详细介绍 HART 帧的组成部分。

（1）PREAMBLE：导言字节，一般由 5～20 个 HEX（十六进制）的 FF 的字节组成。它实际上是同步信号，各通信设备可以据此略做调整，保证信息的同步。例如，在开始通信的时候，如果使用的是 20 个 FF 导言，从设备应答 0 信号时将告之主设备它"希望"接收几个字节的导言，另外主设备也可以用 59 号命令告诉从设备应答时应用几个导言字节。

（2）START：起始字节，它将告之使用的结构是长结构还是短结构、消息源、是否广播模式消息。根据消息结构的不同、发送消息源的不同、模式的不同，它具有几个可能值，消息是由主设备到从设备，并且为短结构时，起始字节的值为 02，长结构时为 82。消息是由从设备到主设备的短结构值为 06，长结构值为 86。而为广播模式传输消息的短结构值为 01，长结构值为 81。实际上就是通过起始字节中的 0、1、2 和 7 位的不同进行区分，今后还期望用起始字节中的 5 和 6 位来设置地址和命令字节间是否出现额外位，当然这还没有被 HART 通信委员会通过。一般设备接收到 2 个 FF 字节后，就将侦听起始字节。

（3）ADDR：地址字节，它包含了主设备地址和从设备地址，如前所述，短结构中占 1 个字节，长结构中占 5 个字节。无论采用长结构还是短结构，因为 HART 协议中允许两个主设备存在，所以要用首字节的最高位来进行区分，第一主设备地址用 1 表示，第二主设备地址用 0 表示。广播模式是特例，首字节的最高位为 0 或 1 的值将交替出现，也就是说，在该模式下，赋予两个主设备均等的机会。次高位为 1 表示为广播模式，短结构（见图 3-6）用首字节的 0～3 位表示值为 0～15 的从设备地址，第 4、5 位为 0；而长结构用后 6 位表示从设备的生产厂商的代码，第二个字节表示从设备型号代码，后 3～5 字节表示从设备的序列号，构成唯一标志码。长结构如图 3-7 所示。

图 3-6　短结构　　　　　　　　　　　　　图 3-7　长结构

另外，长结构的低 38 位如果都是 0 的话，表示的是广播地址，即消息发送给所有的设备。

（4）COM：命令字节，它的范围为 0～253，用 HEX 的 0～FD 表示，31、127、254、255 为预留值，后面将详细介绍。

（5）BCNT：字节计数，它表示的是 BCNT 下一个字节到最后（不包括校验字节）的字节数。接收设备用它可以鉴别出校验字节，也可以知道消息的结束。因为规定数据最多为 25

个字节，所以它的值是 0～27。

（6）STATUS：状态字节，它也称为响应码，顾名思义，它只存在于从设备响应主设备消息的时候，用两个字节表示，这两个字节覆盖了三种类型的信息：通信中的错误、接收命令的状态（如设备忙、无法识别命令等）和从设备的操作状态。

如果在通信过程中发现了错误，首字节的最高位（第 7 位）将置 1，其余的 7 位表示错误的细节，而第 2 个字节全为 0。否则，当首字节的最高位为 0 时，表示通信正常，其余的 7 位表示命令响应情况，第 2 个字节表示现场设备状态的信息。

RS-232 串行通信发现的通信错误一般有奇偶校验、溢出和结构错误等。命令响应码可以有 128 个，表示错误和警告，它们可以具有单一的意义，也可以具有多重意义，可通过特殊命令进行定义或规定。现场设备的错误状态包括通信错误、警告和非正常操作。对这个字节的分析是后面进行报警设计和操作的基础，HART 协议会根据不同的状态字节的含义采取不同的动作。

响应码（用 0～127 的整数表示）分为错误或者警告，具有单一的意义或者多重意义。表 3-2 给出了响应命令的范围。

表 3-2　响应命令范围

	错　误	警　告
单一意义	1～7、16～23、32～64	24～27、96～111
多重意义	9～13、15、28、29、65～95	8、14、30、31、112～127

设备提供的状态信息可以编码成一个字节。设备状态字节的第 4 位可以设置是否命令可具用多重意义；48 号命令可以读额外的信息，而对 48 号命令的响应可以自定义，HART 5.0 版本后的 6～13 号命令有不同的意义，包括操作模式（未定义的）和复合模拟输出的状态，其余的可以自由支配。

（7）DATA：数据字节，首先并非所有的命令和响应都包含数据字节，它最多不超过 25 个字节（随着通信速率的提高，正在要求放宽这一标准）。数据的形式可以是无符号整数（可以是 8、16、24、32 位），浮点数（用 IEEE754 单精度浮点格式）或 ASCII 字符串，还有预先指定的单位数据列表。具体的数据个数根据不同的命令而定。

（8）CHK：校验字节，方式是纵向奇偶校验，从起始字节开始到奇偶校验前一个字节为止。另外，每一个字节都有 1 位的校验位，这两者的结合可以检测出 3 位的突发错误。

通常情况下，在应答模式（主-从模式）下每秒可以进行两次通信，在广播模式下，每秒可以传输 3 条消息。

在数据链路层服务过程中，HART 协议采用类似令牌的方式访问通信链路，它不是在通信链路上循环转发令牌，只有得到令牌的站点（从设备）才可以访问通信链路，通常采用设定定时时间常数，以保证所有的从设备都能够访问通信链路。

通常 HART 协议按主-从模式通信，通信由主设备发起，从设备先"听"后"答"，第一主设备和第二主设备以相同的优先权轮流访问通信链路，但设定了不同的定时时间常数以防止"死锁"，避免两个主设备同时访问链路。当某一主设备通信结束后，需要首先侦听载波，等待一段时间以确保另一主设备能够访问通信链路，若通信链路上有载波存在，该主设备放弃使用通信链路；若定时时间溢出，该主设备可以继续访问通信链路。当通信链路上存在突发模式设备时，主设备只有突发模式设备与另一主设备的突发通信结束之后，方可访问通信链路。HART 协议把突发功能作为现场仪表的一种可选功能。

3.4 HART 的操作命令

操作命令作用于应用层，包括通用命令、普通命令和特殊命令。通用命令的范围为 0～30，它供所有面向 HART 协议的设备使用，表 3-3 给出了部分通用命令的功能。详细介绍需要查询专门的资料，另外，还可以比较早期版本和现在的不同。

表 3-3 通用命令摘要

命　　令	功　　能
0、11	设备识别（厂商、设备类型、版本）
1、2、3	读测量值
6	写入轮询地址
12、13、17、18	读写用户输入文本信息
14、15	读设备信息（传感序列号、传感限、报警操作、范围、传输结构）
16、19	读写最终装配号

普通命令的范围是 32～126，它提供了大多数设备的功能命令，表 3-4 给出了部分普通命令的功能。

表 3-4 普通命令摘要

命　　令	功　　能
33、61、110	读测量值
34～37、44、47	设置操作变量（范围、时限、过程值、传输功能）
38	复位结构变化标志
39	EPROM 控制
40～42	对话功能（固定电流模式、自测、复位）
43、45、46	模拟输入，输出整流
48	读从设备的状态
49	写传感器序列号
50～56	传输变量
57、58	单元信息（标志、描述、数据）
59	写所需导言字节
60、62～70	使用复合模拟输出
107～109	突发模式控制

普通命令中的 123 和 126 号命令并非公共的命令，它们专用于生产厂家在生产设备时输入的设备的特殊信息，一般用户不会改动，如设备识别号等，也可以用于直接读写存储器。

特殊命令的范围是 128～253，它提供给现场设备专用的功能。早先，因为 HART 设备的地址并非独一无二，因此设备特殊命令常常将设备型号码作为数据中的第1个字节，以保证命令传输给正确的设备。在 HART 5.0 版本之后，由于唯一标识码的使用，就省略了这步骤。用户若要使用不同设备的特殊命令可以参照厂家提供的设备文档。

　　HART 协议操作命令可分为三类：通用命令、普通命令和特殊命令，其中，通用命令和普通命令合称标准命令。

3.4.1　通用命令

　　第一类命令为通用命令，对所有符合 HART 协议的现场设备都适用。通用命令主要包括：
- 读出制造厂及产品型号；
- 读出主变量及单位；
- 读出输出电流及其百分比；
- 读出最多 4 个预先定义的动态变量名；
- 读出或写入 8 个字符的标牌号，16 个字符的描述内容以及日期等；
- 读出或写入 32 个字符的信息；
- 读出变送器的量程、单位以及阻尼时间常数；
- 读出传感器串联数目及其限制；
- 读出或写入最后组装数目；
- 写入轮询地址等。

3.4.2　普通命令

　　第二类命令为普通命令，适用于大部分符合 HART 协议的产品，但不同公司的 HART 产品可能会有微小的区别，如写主变量单位、微调 D/A 转换器的零点和增益等。普通命令主要包括：
- 读出最多 4 个动态变量；
- 写入阻尼时间常数；
- 写入变送器量程；
- 标定（设置零点和量程）；
- 完成自检；
- 完成主设备复位；
- 微调 D/A 转换器主变量零点；
- 写入主变量单位；
- 微调 D/A 转换器的零点和增益；
- 写入变送类型（开方/线性）；
- 写入传感器串联数目；
- 读出或写入动态变量赋值等。

　　以上两类命令的规定使符合 HART 协议的产品具有一定的互换性。通常说的 HART 协议产品的兼容就是指在这两类命令上的兼容。

3.4.3 特殊命令

第三类命令为变送器特殊命令，仅适用于某种具体的现场设备。这是各家公司产品自己所特有的命令，如整机的标定、微调传感头校正等，这些命令不能互相兼容。特殊命令的范围是 128～253，适用于现场设备专用的功能。

特殊命令主要包括：

- 线性标定；
- 温度标定；
- 读出或写入开方小信号截断值；
- 启动、停止或清除累积器；
- 选择主变量（质量、流量或密度）；
- 读/写组态信息资料；
- 微调传感器的标定等。

第4章

RS-485 串行通信技术

由于 RS-232 的最大通信距离只有 15 m，而且接口硬件也不支持多机通信，所以本章介绍的串行通信技术以 RS-485 为主。如果本章所涉及的串口是 RS-485、RS-232 和 RS-422 三者兼容的，那么也会提及 RS-232 和 RS-422。本章也提及了 RS-422 组网技术，主要是为了让读者了解与 RS-422 相比，RS-485 的组网是多么简洁。

4.1 RS-485/RS-422 多机通信的组网方式

RS-232/RS-485/RS-422 转换器都可将 RS-232 通信距离延长至 1.2 km 以上（传输速率为 9600 b/s 时），都可以用于 PC 之间、PC 与单片机之间构成远程多机通信网络。

4.1.1 典型的 RS-485 总线式通信方式

典型的 RS-485 半双工多机通信如图 4-1 所示，所有 RS-485 节点全部挂在一对 RS-485 总线上（实际上还有一根 GND 线）。注意：RS-485 总线不能开叉，但是可以转弯。

RS-422 是全双工通信方式，也就是说，发送（Y、Z）与接收（A、B）是分开的，所以能够同时收发。RS-422 有时也称为全双工的 RS-485 或者 RS-485 的全双工方式。典型的 RS-422 全双工多机通信如图 4-2 所示。注意不是所有的 RS-422 都支持全双工多机通信的。波仕电子的 485C 系列转换器能够支持全双工多机通信，而且是全双工、半双工通用的转换器。

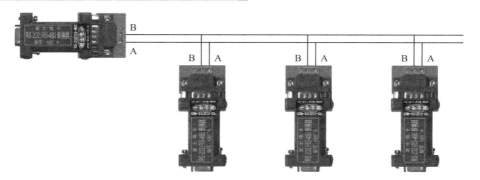

图 4-1 典型的 RS-485 半双工多机通信

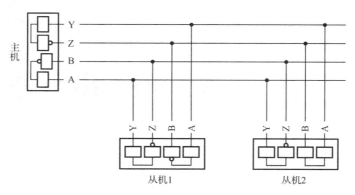

图 4-2 典型的 RS-422 全双工多机通信

4.1.2 菊花链式多机通信方式

菊花链式 RS-422 多机通信方式（见图 4-3）比较少见，有其独特的优势，也有其缺点。每个节点必须是 RS-422 全双工的，每个节点只能接收上一个节点发送的数据，只能向下一个节点发送数据。如果要跨过一个节点传输数据，必须通过中间的节点转发。如果有两个节点同时发送，菊花链式的网络并不会锁死。这一点优于 RS-485 或 RS-422 总线式的网络。

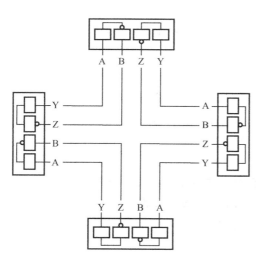

4.1.3 星形 RS-485 多机通信方式

要实现 RS-485 的星形（状）组网（见图 4-4），必须采用 RS-485 的集线器（HUB）。波仕电子的 RS-485 光隔集线器（型号 HUB4485G）可用于组成 RS-485 星形网。HUB4485G 还可实现 RS-485 的上、下位机之间的光电隔离。

HUB4485G 有 1 个上位机 RS-485 口和 4 个下位机 RS-485 口。 HUB4485G 的下位机侧的 4

图 4-3 菊花链式 RS-422 多机通信方式

个 RS-485 口可以分别接 4 路 RS-485 总线。

当 4 路下位机 RS-485 总线中有 1 个、2 个甚至 3 个 RS-485 短路或者烧坏时，HUB4485G 的上位机 RS-485 仍然可以与剩余的正常 RS-485 总线通信。使用 HUB4485G 组网后，可保证某一路或多路 RS-485 总线损坏后不影响其他总线的正常通信。

图 4-4　RS-485 的星形组网

类似产品还有 1 拖 8 路的 RS-485 集线器（HUB8485G）。HUB8485G 的上位机可以是 RS-485，也可以是 RS-232，所以 HUB8485G 可以直接从 PC 的 RS-232 口分出 8 路 RS-485。

4.1.4　单环自愈 RS-485 多机通信方式

单环自愈的 RS-485 组网方式是由波仕电子在业界首次提出的。单环自愈的 RS-485 组网方式大大增加了 RS-485 总线的通信可靠性，解决了 RS-485 总线断线、接线接头不牢等导致 RS-485 通信中断的问题。

485D 是一种具有单环自愈功能的 1 路 RS-232 到 2 路 RS-485 的转换器。RS-485 总线可以是直线或者曲线，但是不能绕成环形（状）。485D 转换器将 1 路 RS-232 转换成 2 路 RS-485 后，RS-485 的 2 路输出开叉成了 2 路并在远端闭合。这就是单环自愈的 RS-485 组网，如图 4-5 所示。图中虽然有两根 RS-485 信号线，但是它们实际上都是一个环路的 RS-485 信号，所以称为单环。自愈的特性表现为：当 RS-485 信号线有断线时，比如图中的外环线和内环线中有一根断开甚至两根都断开时，任何一个下位机的 RS-485 的信号 A 仍然可以从没有断开部分的红线（外环线）连接到 485D 的 A1 或者 A2，任何一个下位机的 RS-485 的信号 B 仍然可以从没有断开部分的蓝线（内环线）连接到 485D 的 B1 或者 B2。

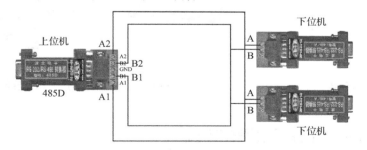

图 4-5　单环自愈的 RS-485 组网

4.2　串口光纤多机通信的组网方式

为实现串口的可靠远程通信，用户在许多情况下都会使用光纤。采用光纤作为通信传输介质，具有隔离电压高、防电磁干扰、抗雷击等优点。单模光纤的通信距离可以达到数十千米，多模光纤也可以达到数千米。由于光纤并不能够像电线一样简单地进行直接连接，光纤的每个分叉、集合都必须经过专门的光纤转换器，所以光纤通信网络的组网方式取决于光纤转换器的功能。本节首先介绍简单的一对一的光纤通信，然后详细介绍了几种串口光纤通信的组网方式：总线式、星形、双环冗余型。用户可以根据现场的串口设备的分布情况或者可靠性要求来选择。通信软件都是一样的，与普通的 RS-485 总线多机通信一样。双环冗余型网络的可靠性最高。

4.2.1　简单的一对一串口光纤通信方式

最简单的光纤通信就是一对一的通信，两头的接口可以是 RS-232、RS-485，也可以是 RS-422。只需要注意：

（1）单模光纤转换器必须配单模光纤，多模光纤转换器必须配多模光纤。

（2）光纤的 TX（发）连接对方的 RX（收），RX（收）连接对方的 TX（发）。

光纤的接头形状一般有 ST 头、FC 头、SC 头，它们都是标准的，相互之间的转换有标准的转接头或者转换尾纤。有时候采用单纤双向的光纤通信，实际上是把两根光纤的玻璃纤芯在沿长度方向切开、截面抛光后熔接成为一根玻璃纤芯，再与原来规格的（没切开的）玻璃纤芯对接起来进行熔接后加外套而成为一根光纤。这种技术类似于植物的嫁接技术。这种专门的产品称为光纤耦合器。图 4-6 所示的光纤耦合器可以将左边的两根光纤耦合到右边的一根光纤中。

图 4-7 所示为典型的一对一串口光纤通信，左边为无源的 RS-232/光纤转换器，右边为 RS-232/RS-485/ RS-422 通用的光纤转换器。这种连接广泛用于工业过程控制、电力系统自动化、分布数据采集等场合。

图 4-6　光纤耦合器　　　　　　　　　　图 4-7　典型的一对一串口光纤通信

4.2.2　总线式串口光纤多机通信方式

这里要用到 RS-232/RS-485 光纤中继转换器，它同时起到两个作用：

（1）实现 RS-232/485 光纤通信的中继，也就是延长串口光纤通信距离。

（2）实现总线式串行光纤多机通信，就是将多个 RS-232 或者 RS-485 接口接入同一个总线式串口光纤通信网。

串口/光纤中继转换器使用一对 ST 头（光纤接头），上侧面有一个连接 RS-232、RS-485、RS-422 的 DB-9 针座（配有接线端子板），下侧面有连接 5 V 电源的端子。总线式串口光纤多机通信如图 4-8 所示。

图 4-8　总线式串口光纤多机通信

4.2.3　环形串口光纤多机通信方式

双环冗余光端机可用于组成环形光纤网来实现 RS-232/RS-485 串口的多机通信，并且同时有两路相互冗余的环形光纤网。由于双环冗余光端机同时可以接两个环形光纤网，当其中一个环形光纤网的光纤断开时，另外一个环形光纤网可以继续以单环光纤网通信（见图 4-9）。这样大大增加了串口光纤通信的可靠性。

双环冗余光端机使用一对 ST 光纤接头，上侧面有一个接 RS-232、RS-485 的 DB-9 针座，下侧面有接 5 V 电源的端子。紧靠电源端子是用于选择主机和从机状态的跳线。

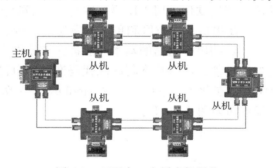

图 4-9　双环串口光纤多机通信

4.2.4　对串式串口光纤多机通信方式

RS-485/光纤转换器本身都可以一对一通信，也可以将多个一对一的连接产品再用 RS-485 串接（级联）来进行简单的多机通信。在这种对串式光纤网中，背靠背互连的两个 RS-485/光纤转换器可以代替一个总线式光纤网中的一个串口/光纤中继转换器。

这种组网的方式比较灵活，缺点是不可过多级地级联，另外多 RS-485/光纤转换器的 RS-485 信号并联在一起时，必须保证这个局部的 RS-485 总线不开叉。

在图 4-10 中，左边的 1 号（见产品外壳上的标记）串口/光纤转换器与 2 号串口/光纤转换器构成一对。2 号串口/光纤转换器在接线端子恢复出 RS-485 信号 A-B。这对 A-B 信号与 3 号串口/光纤转换器以及 4 号串口/光纤转换器的 A-B 信号可以组成一个局部的 RS-485 总线。这个总线的 A-B 还可以接其他 RS-485 设备。3 号串口/光纤转换器与 5 号串口/光纤转换器也构成一对，在 5 号串口/光纤转换器接线端子处恢复出 RS-485 信号，并且可以继续级联下去。4 号与 6 号同理。

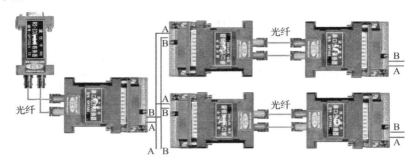

图 4-10　对串式光纤多机通信

以上介绍的几种串口光纤通信的组网方式可以直接用于连接 RS-232、RS-485 或者 RS-422。RS-232、RS-485 或者 RS-422 的通信协议都是一样的，都是 RS-232 串行通信协议，与 RS-485 电缆总线式多机通信也是一样的。

4.3　串行通信的 VB 程序

　　VB（Visual BASIC 6.0）是在 RS-232/RS-485 串行通信中应用较广泛的编程语言。本节介绍的这一款带源程序的串口调试软件采用 VB 语言编写（本书配套的开发资料包里有源代码），包括端口设置、打开/关闭串口、接收区和单字串发送区。读者可以选择以十进制和十六进制显示发送和接收数据，这些串行通信的基本功能都在该软件实现了。读者还可以在程序的源代码中加入自己需要的功能，或者将本程序源代码嵌入到自己的程序中。比如本书将要介绍的 Modbus 通信程序就是在此程序基础上添加 Modbus 指令改进而成的。

　　串口通信 VB 程序运行界面如图 4-11 所示。

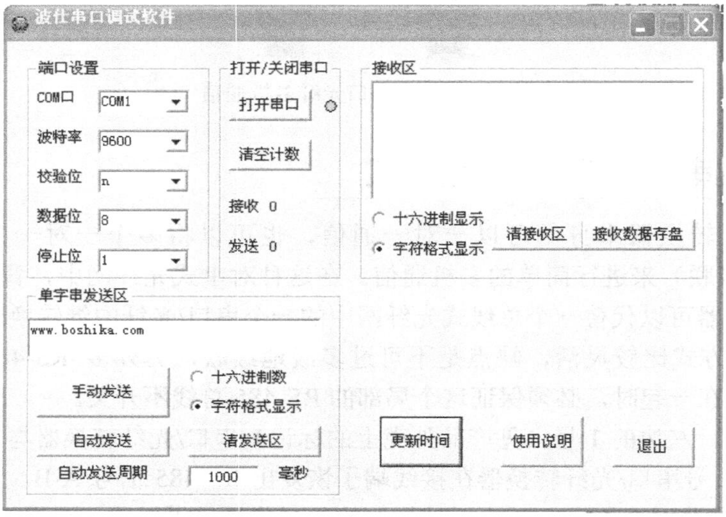

图 4-11　串口通信 VB 程序运行界面

串口通信 VB 编程的对象窗口如图 4-12 所示。

图 4-12　串口通信 VB 编程的对象窗口

本程序只有一个窗口，源代码如下。

```
Dim Baud1 As String
Dim Num_byte1 As String
Dim Parity1 As String
Dim Attach1 As String
Dim Baud2 As String
Dim Num_byte2 As String
Dim Parity2 As String
Dim Attach2 As String
Private Sub Combo1_Click()                        '选择串口 COM 号，默认 COM1
    If MSComm1.PortOpen = True Then               '如果串口打开则先关闭后再进行其他操作
        MSComm1.PortOpen = False
    End If
    MSComm1.CommPort = Combo1.ListIndex + 1       '读取 COM 号
End Sub
Private Sub Combo2_Click()                        '设置串口波特率，默认为 9600
    Baud1 = Combo2.Text
    MSComm1.Settings = Baud1 + "," + Parity1 + "," + Num_byte1 + "," + Attach1
End Sub
Private Sub Combo3_Click()                        '设置串口校验位，默认为 N
    Parity1 = Combo3.Text
    MSComm1.Settings = Baud1 + "," + Parity1 + "," + Num_byte1 + "," + Attach1
End Sub
Private Sub Combo4_Click()                        '设置串口数据位数，默认为 8
    Num_byte1 = Combo4.Text
    MSComm1.Settings = Baud1 + "," + Parity1 + "," + Num_byte1 + "," + Attach1
End Sub
```

```vb
Private Sub Combo5_Click()                              '设置串口停止位，默认为1
    Attach1 = Combo5.Text
    MSComm1.Settings = Baud1 + "," + Parity1 + "," + Num_byte1 + "," + Attach1
End Sub
Private Sub Command1_Click()                            '把现在时间发送到窗口显示
    time1 = Time
    date1 = Date
    now1 = Now
    Text1.Text = Hour(Time) & "时" & Minute(Time) & "分" & Second(Time) & "秒" & vbNewLine & Year(Date) & "年" & Month(Date) & "月" & Day(Date) & "日"
End Sub
Private Sub Command10_Click()                           '接收数据存盘
    FileName$ = "BS" + Mid$(Date$, 6, 2) + _
    Mid$(Date$, 9, 2) + Mid$(Time$, 1, 2) + _
    Mid$(Time$, 4, 2) + ".txt"
    f% = MsgBox("存为文件" + FileName$, 4, "存盘")
    If f% = 7 Then GoTo 213
    Open FileName$ For Output As #2
    Print #2, Text2.Text
    Close #2
213 End Sub
Private Sub Command12_Click()                           '手动发送数据
    If MSComm1.PortOpen = True Then                     '如果串口打开了，则可以发送数据
        If Text2.Text = "" Then                        '判断发送数据是否为空
            MsgBox "发送数据不能为空", 16, "串口调试助手"   '发送数据为空则提示
        Else
            If Option5.Value = True Then               '发送方式判断
                MSComm1.InputMode = comInputModeBinary  '二进制发送
                Call hexSend                            '发送十六进制数据
            Else     '按十六进制接收文本方式发送的数据时，文本也要按二进制发送
                If Option1.Value = True Then
                    MSComm1.InputMode = comInputModeBinary  '二进制发送
                Else
                    MSComm1.InputMode = comInputModeText    '文本发送
                End If
                MSComm1.Output = Trim(Text2.Text)           '发送数据
                ModeSend = False                            '设置文本发送方式
                strBuff = Text2
                On Error GoTo uerror
                MSComm1.Output = strBuff
                Label11.Caption = Label11.Caption + Len(strBuff)   '发送计数
            End If
        End If
    Else
        MsgBox "串口没有打开，请打开串口", 48, "串口调试"
        '如果串口没有被打开，提示打开串口
    End If
```

```
uerror:
End Sub
Private Sub Command2_Click()                          '显示本程序的标题
    Text1.Text = " Visual Basic 6.0    RS-232/485 communication program" '说明内容输出
End Sub
Private Sub Command3_Click()                          '清空文本内容
    Text1.Text = ""                                  '接收窗口
End Sub
Private Sub Command4_Click()                          '清空文本内容
    Text2.Text = ""                                  '发送窗口
End Sub
Private Sub Command5_Click()
    On Error GoTo uerror                              '发现错误跳转到错误处理

    If Command5.Caption = "关闭串口" Then
        MSComm1.PortOpen = False
        Command5.Caption = "打开串口"                  '按钮文字改变
        Shape1.FillColor = &HC0C0C0                   '灯颜色改变
    Else
        MSComm1.PortOpen = True
        Command5.Caption = "关闭串口"
        Shape1.FillColor = &HFF
    End If
Exit Sub

uerror:
    msg$ = "无效端口号"                                '错误显示
    Title$ = "串口调试助手"
    x = MsgBox(msg$, 48, Title$)                      '标识显示警告图标
    End Sub
Private Sub Command7_Click()                          '自动发送
    If Command7.Caption = "自动发送" Then
        Command7.Caption = "关闭自动发送"
        Timer2.Interval = Text3.Text
        Timer2.Enabled = True
    Else
        Command7.Caption = "自动发送"
        Timer2.Enabled = False
    End If
End Sub
Private Sub Command8_Click()                          '清零计数器
    Label10.Caption = 0
    Label11.Caption = 0
End Sub
Private Sub Command9_Click()                          '打开或关闭串口
    If MSComm1.PortOpen = True Then
        MSComm1.PortOpen = False
    Else
```

```
                End If
            End
        End Sub
        Private Sub Form_Load()                              '载入窗口
            If MSComm1.PortOpen = True Then
                MSComm1.PortOpen = False
            Else
            End If
            Combo1.AddItem "COM1"
            Combo1.AddItem "COM2"
            Combo1.AddItem "COM3"
            Combo1.AddItem "COM4"
            Combo1.AddItem "COM5"
            Combo1.AddItem "COM6"
            Combo1.AddItem "COM7"
            Combo1.AddItem "COM8"
            Combo1.AddItem "COM9"
            Combo1.AddItem "COM10"
            Combo1.AddItem "COM11"
            Combo1.AddItem "COM12"
            Combo1.AddItem "COM13"
            Combo1.AddItem "COM14"
            Combo1.AddItem "COM15"
            Combo1.AddItem "COM16"
            Combo1.ListIndex = 0
            MSComm1.CommPort = Combo1.ListIndex + 1       '对串口进行默认设置
            'MSComm1.Settings = "9600,n,8,1"
            Command5.Caption = "打开串口"
            Shape1.FillColor = &HC0C0C0

            Baud1 = 9600
            Num_byte1 = 8
            Parity1 = n
            Attach1 = 1
            MSComm1.CommPort = Combo1.ListIndex + 1
            ' MSComm1.Settings = "9600,n,8,1"
            MSComm1.Settings = Baud1 + "," + Parity1 + "," + Num_byte1 + "," + Attach1
            Option2.Value = True                          '接收区默认显示字符串
            Option3.Value = True                          '发送区默认显示字符串
            Combo2.AddItem "256000"                       '以下为可供选择的波特率
            Combo2.AddItem "128000"
            Combo2.AddItem "115200"
            Combo2.AddItem "57600"
            Combo2.AddItem "38400"
            Combo2.AddItem "28800"
            Combo2.AddItem "19200"
            'Combo2.AddItem "14400"
            'Combo2.AddItem "12800"
```

```
'Combo2.AddItem "11520"
Combo2.AddItem "9600"
Combo2.AddItem "4800"
Combo2.AddItem "2400"
Combo2.AddItem "1200"
Combo2.AddItem "600"
Combo3.AddItem "n"                              '以下为可供选择的奇偶校验位
Combo3.AddItem "o"
Combo3.AddItem "e"
Combo4.AddItem "4"                              '以下为可供选择的数据位
Combo4.AddItem "5"
Combo4.AddItem "6"
Combo4.AddItem "7"
Combo4.AddItem "8"
Combo5.AddItem "1"                              '以下为可供选择的附加位
Combo5.AddItem "2"
End Sub
Private Sub Form_Unload(Cancel As Integer)      '退出窗口
    If MSComm1.PortOpen = True Then
        MSComm1.PortOpen = False
    Else
        End If
    End
End Sub
Private Sub MSComm1_OnComm()                    '串行通信事件处理
    Dim BytReceived() As Byte
    Dim strBuff As String
    Dim i As Integer
    Select Case MSComm1.CommEvent                '事件发生
        Case 2
            Cls
            MSComm1.InputLen = 0                  '读入缓冲区全部内容
            strBuff = MSComm1.Input              '读入到缓冲区
            If MSComm1.InputMode = comInputModeText Then
            Label10.Caption = Label10.Caption + Len(strBuff)                    '接收计数
            Else: Label10.Caption = Label10.Caption + Len(strBuff) + Len(strBuff)    '接收计数
            End If
        If MSComm1.InputMode = comInputModeBinary Then
            BytReceived() = strBuff
            '如果是二进制接收模式，则进行数据处理，否则直接显示字符串
            For i = 0 To UBound(BytReceived)
                If Len(Hex(BytReceived(i))) = 1 Then
                    strData = strData & "0" & Hex(BytReceived(i)) & " "
                            '如果只有一个字符，则前补 0，如 F 显示 0F，最后补空格
                Else            '方便显示观察，如 00 0F FE
                    strData = strData & Hex(BytReceived(i)) & " "
                End If
            Next
```

```vb
                    Text1 = Text1 & strData
                    strData = ""
              Else
                    Text1 = Text1 & strBuff
              End If
        End Select
  End Sub
Private Sub Option1_Click()
      MSComm1.InputMode = comInputModeBinary          '选择接收方式
End Sub
Private Sub Text3_Change()                            '改变自动发送周期，默认为 1000 ms
      'Timer2.Interval = Text3.Text
End Sub
Private Sub Timer1_Timer()                            '定时更新串口的设置
    If Combo3 = "无 None" Then
        MSComm1.Settings = Str(Combo2) + "N" + Str(Combo4) + Str(Combo5)
    ElseIf Combo3 = "奇 Odd" Then
        MSComm1.Settings = Str(Combo2) + "O" + Str(Combo4) + Str(Combo5)
    ElseIf Combo3 = "偶 Even" Then
        MSComm1.Settings = Str(Combo2) + "E" + Str(Combo4) + Str(Combo5)
    End If
End Sub
Private Sub Timer2_Timer()
    Call Command12_Click                             '定时调用手动发送
End Sub
'=====================================================================
'十六进制发送
'=====================================================================
Private Sub hexSend()
    'On Error Resume Next
    Dim outputLen As Integer                         '发送数据长度
    Dim outData As String                            '发送数据暂存
    Dim SendArr() As Byte                            '发送数组
    Dim TemporarySave As String                      '数据暂存
    Dim dataCount As Integer                         '数据个数计数
    Dim i As Integer                                 '局部变量

    outData = UCase(Replace(Text2.Text, Space(1), Space(0)))
    ' 先去掉空格，再转换为大写字母
    outData = UCase(outData)                          '转换成大写
    outputLen = Len(outData)                          '数据长度
    For i = 0 To outputLen
        TemporarySave = Mid(outData, i + 1, 1)        '取一位数据
        'If (Asc(TemporarySave) >= 48 And Asc(TemporarySave) <= 57) Or (Asc(TemporarySave) >=
                                            65 And Asc(TemporarySave) <= 70) Then
        If (1 = 1) Then
            dataCount = dataCount + 1
        Else
```

```
                Exit For
                Exit Sub
            End If
        Next

        If dataCount Mod 2 <> 0 Then                '判断十六进制数据是否为偶数
            dataCount = dataCount - 1               '不是偶数，则减 1
        End If
        outData = Left(outData, dataCount)          '取出有效的十六进制数据

        ReDim SendArr(dataCount / 2 - 1)            '重新定义数组长度
        For i = 0 To dataCount / 2 - 1
            SendArr(i) = Val("&H" + Mid(outData, i * 2 + 1, 2))
            ' 取出数据转换成十六进制并放入数组中
        Next
        SendCount = SendCount + (dataCount / 2)     '计算总发送数
        'TxtTXCount.Text = "TX:" & SendCount
        Label11.Caption = Label11.Caption + SendCount   '发送计数
        MSComm1.Output = SendArr                    '发送数据
End Sub
```

4.4　地址串口转换的实现

4.4.1　地址串口转换器的使用

　　串口多机通信，即 RS-232/RS-485 多机通信，要求通信的下位机必须带地址。通信时由上位机先发送某个下位机的地址，位于同一个网络中的所有下位机都同时读取这个地址，然后与自己的地址进行比较，如果地址相同则接收后面的数据，如果地址不同则不接收后面的数据。某些情况下，下位机也可以主动向上位机发送数据，但是必须按照预先设置的格式在数据前面加上下位机的地址，这样上位机才可以知道是哪一个下位机发送来的数据。可是在许多情况下，下位机没有设置地址的功能，或者地址的格式不同，这就必须进行地址串口的转换。本节将介绍如何实现地址串口的转换。

　　地址串口转换器（也称为串口地址转换器）的原理就是利用转换器两个串口，称为上位机串口和下位机串口，自动添加人为设置的地址。地址的处理包括两部分：

　　（1）将上位机串口接收到的数据去掉地址后从下位机串口发送出去。

　　（2）将下位机串口接收到的数据加上地址后从上位机串口发送出去。

　　DIZ485 型地址串口转换器用于实现不同地址的 RS-232/RS-485 的通信转换，纯硬件跳线设置，无须任何软件设置。地址串口转换器的外形如图 4-13 所示，左边为上位机的 RS-232 以及 RS-485，右边为下位机的 RS-232 以及 RS-485 口，上边为波特率设置和地址设置的跳线，下面为 5 V 电源接线端子。DIZ485 通过跳线 J2、J1、J0 设置波特率，通过跳线 K2、K1、K0 设置地址，参见表 4-1，0 表示断开，1 表示短路。注意每次更改跳线的设置后必须重新上电才能生效。

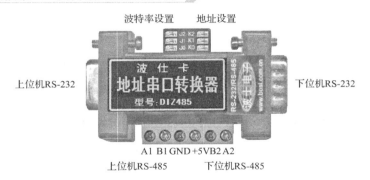

图 4-13　地址串口转换器外形图

表 4-1　串口通信波特率设置和地址设置

串口通信波特率设置				地址设置			
J2	J1	J0	波特率（b/s）	K2	K1	K0	地址
0	0	0	1200	0	0	0	0
0	0	1	2400	0	0	1	1
0	1	0	4800	0	1	0	2
0	1	1	9600	0	1	1	3
1	0	0	19200	1	0	0	4
1	0	1	38400	1	0	1	5
1	1	0	57600	1	1	0	6
1	1	1	115200	1	1	1	7

　　DIZ485 的使用非常方便。首先根据用户通信程序的波特率进行波特率设置，如 9600 b/s，则将 J2 断开、J1 短接、J0 短接；然后设置本产品的地址，如设置地址为 1，则将 K2 断开、K1 断开、K0 短接。

　　左侧的 A1、B1 的 RS-485 以及 DB-9 孔 RS-232 称为主串口；右侧 A2、B2 的 RS-485 以及 DB-9 针 RS-232 称为从串口。通信规则为：主串口数据=地址码+从串口数据。例如，如果主串口收到"###1:1234567"，那么地址为 1 的产品的从串口发送"1234567"（地址不是 1 的产品的从串口不发送任何数据），就是去帧头。地址码就是在 K2、K1、K0 跳线设置值的前面加 3 个井号（###）和后面加一个冒号（:）的英文字符。如果地址为 1 的产品的从串口收到"abcdefg"，则主串口发送"###1:abcdefg"，就是加帧头。

　　在同一个 RS-232/RS-485 总线中可以同时接入一般最多 8 个 DIZ485 产品（见图 4-14）。使用时将这 8 个产品的地址分别设置为 0、1、2、…、7 不同的值。将所有 DIZ485 产品的主串口共同接到一个总线并接到上位机的 RS-232 或 RS-485 口。DIZ485 多机通信如图 4-15 所示。

　　如果上位机要向某个下位机（如地址为 1 的 DIZ485 的从机）发送数据，只需要在数据前面加上"###1:"即可。地址为 1 的 DIZ485 发送给上位机的数据都是加上了"###1:"再发送给主机的；地址为 2 的 DIZ485 发送给上位机的数据都是加上了"###2:"再发送给主机的，都带有地址，所以主机可以识别是从哪个下位机发来的。DIZ485 多机通信如图 4-15 所示。

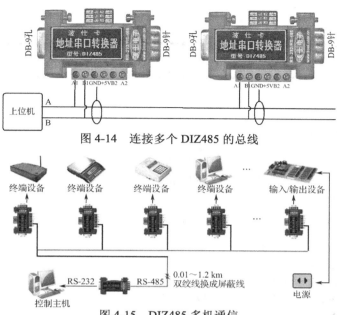

图 4-14　连接多个 DIZ485 的总线

图 4-15　DIZ485 多机通信

4.4.2　地址串口转换器的硬件设计

地址串口转换器的内部有一个带双串口的单片机 STC12C32S2，单片机自动完成两个串口之间的数据交换。单片机程序用 C 语言编写，核心功能就是先将两个串口 UART1 和 UART2 根据跳线设置的状态进行地址初始化等设置，然后随时将 UART1 接收的数据去掉地址帧头之后立即送到 UART2 的发送区，以及将 UART2 接收的数据加上地址帧头后立即送到 UART1 的发送区。地址串口转换器的硬件设计如图 4-16 所示。

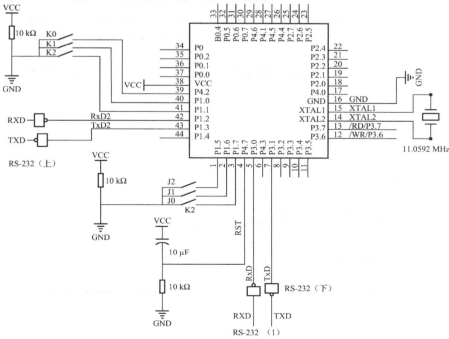

图 4-16　地址串口转换器的硬件设计

核心代码如下所述。

```
//******************************************************************************
//主函数
//******************************************************************************
void main()
{
    uchar Uart1Set=0,Uart2Set=0;
    PortInit();                     //按键端口初始化
    Uart1_Init();                   //UART1 初始化
    Uart2_Init();                   //UART2 初始化
    Timer0_Init();
    //读设备地址
    Uart2Set=K4;
    Uart2Set=(Uart2Set<<1)|K3;
    Uart2Set=(Uart2Set<<1)|K2;
    Uart2Set=(Uart2Set<<1)|K1;
    Uart2Set=(Uart2Set<<1)|K0;      //读取端口值
    switch(Uart2Set)
    {
        ZH[3]=ADDRESS;              //取得设备地址
        while(1)
        {
            //------------------------------------------------------------------
            if(U1_RxFlag==1)
            {
                if(U1_RxCount>5)        //只有大于 5 个字符才判断
                {
                    if(U1_RxBuf[0]==ZH[0]&&U1_RxBuf[1]==ZH[1]&&U1_RxBuf[2]==ZH[2]&&
                                U1_RxBuf[3]==ZH[3]&&U1_RxBuf[4]==ZH[4])
                    {
                        Uart2_Sendstr(U1_RxCount-5,U1_RxBuf); //UART2 去掉地址帧头
                    }
                }
                U1_RxCount=0;
                U1_RxFlag=0;
            }
            if(U2_RxFlag==1)
            {
                Uart1_Sendstr(5,ZH);
                Uart1_Sendstr(U2_RxCount,U2_RxBuf);              //UART1 增加地址帧头
                U2_RxCount=0;
                U2_RxFlag=0;
            }
            //------------------------------------------------------------------
        }
    }
}
```

本节介绍的地址串口转换的硬件方法和单片机代码，对不同地址之间的串口通信具有一定的使用价值。地址串口转换器的优点在于使用简单方便，不足之处在于只能够转换地址而没有对数据位、停止位、校验位进行转换，而且对于不常见的地址转换还需要定制。如果要实现各种格式地址的全面转换，还是要在计算机中安装专门的地址转换软件，通过对计算机的两个串口进行地址格式等的设置，而两个串口在计算机内部进行数据透明传输。这就是下面我们接着要介绍的。

4.4.3　地址串口转换的纯软件实现

本节介绍如何用计算机的纯软件方法实现地址串口的转换。上位机与多个下位机的通信如图 4-17 所示。

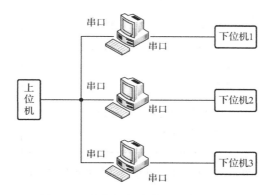

图 4-17　上位机与多个下位机的通信

如果上位机与多个下位机之间需要通信，但是下位机却不带地址，这就要为下位机增加地址。如果没有地址串口转换器，那么用纯软件方法也可以实现地址串口的转换。其原理就是利用计算机的两个串口，称为上位机串口和下位机串口，利用纯软件加上人为设置的地址。将上位机串口接收到的数据去掉地址后从下位机串口发送出去，将下位机串口接收到的数据加上地址后从上位机串口发送出去。

这个地址串口转换软件使用非常方便。首先根据用户通信程序的波特率进行波特率设置，特点是可以独立选择上位机串口（串口 A）和下位机串口（串口 B）的波特率等。设置好串口格式后，单击"打开串口"按钮。注意 A 和 B 两个串口都要打开。成功打开串口后会在"打开串口"按钮的旁边显示红色圆圈。"打开串口"按钮下面为"清空计数"按钮和本串口接收和发送数据的个数。正常情况下，由于串口 A 接收到的数据减去地址码后立即发送给了串口 B，所以串口 A 接收的计数比串口 B 发送的计数多了地址码的位数。同理串口 B 接收的计数比串口 A 发送的计数少了地址码的位数。

界面左下角有"字符格式"和"十六进制"的选项，默认为"字符格式"。当选中"十六进制"时，本软件可以实现十六进制数据的格式转换，特别适合 Modbus 等工控软件。

然后设置将要连接的下位机的地址码，包括地址码前缀、地址值、地址码后缀，这 3 部分合起来共同称为地址码。软件界面的左侧为"上位机设置（串口 A）"，右侧"下位机设置（串口 B）"，如图 4-18 所示。

通信规则为

上位机串口发送数据=地址码+下位机串口接收数据

或者

下位机串口发送数据=上位机串口接收数据-地址码

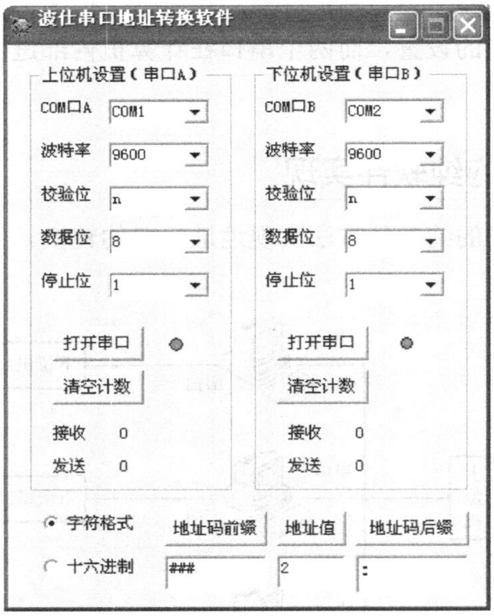

图 4-18　实现串口地址转换的软件运行界面

　　例如，我们可以在软件界面中键入地址码前缀为"###"，后缀为"："，那么如果上位机串口收到"###3:1234567"，则向地址为 3 的产品的下位机串口发送"1234567"（地址不是 3 的软件的下位机串口不发送任何数据），就是去帧头。地址码就是在地址值的前面加"###"和后面加一个"："的英文字符。如果地址为 3 的产品的下位机串口收到"abcdefg"，则向上位机串口发送"###3:abcdefg"，就是加帧头。

　　纯软件实现地址串口转换的最大优势就在于通用性。由于不同厂家对地址码的定义不一样，软件的实现可以非常方便地设置各种不同的地址编码方案。比如以"$"开头或"！"开头的地址编码，只要在本软件界面的地址码前缀填写"$"或者"！"，后缀空着即可。

　　同一个 RS-485 总线中可以同时接入的地址串口转换软件的数量在理论上是无限的，甚至可以将不同地址编码方案的软件一起使用，使用时将地址分别设置为不同的值即可。将所有地址串口转换软件的上位机串口共同接入一个总线并接到上位机的 RS-232 或 RS-485 口。计算机必须至少有两个 RS-232 或者 RS-485 串口，扩展串口可以采用 USB-串口转换器等。这样就实现了两个串口之间的地址转换。

　　本软件使用 Visual Basic6.0 编写，串口用 MSCOMM 控件实现，也是在 4.3 节介绍的串行通信软件的基础上改写而成的。本软件的核心功能就是将 Mscomm1 接收的数据立即送到 Mscomm2 的发送区。难点在于对十六进制数据的转换处理。

　　MSCOMM 控件的核心代码如下。

```
Private Sub MSComm1_OnComm()
    Dim BytReceived() As Byte
    Dim strBuff As String
```

```
            Dim i As Integer
            Select Case MSComm1.CommEvent        '事件发生
                Case 2
                    MSComm1.InputLen = 0                  '读入缓冲区全部内容
                    strBuff = MSComm1.Input               '读入缓冲区
                    If MSComm1.InputMode = comInputModeBinary Then
                    BytReceived() = strBuff   '如果是二进制接收模式，则进行数据处理，否则直接显示字符串
                    For i = 0 To UBound(BytReceived)
                        If Len(Hex(BytReceived(i))) = 1 Then
                            strData = strData & "0" & Hex(BytReceived(i)) & " "
                            '如果只有一个字符，则前补 0，如 F 显示 0F，最后补空格
                        Else                            '方便显示观察，如 00 0F FE
                            strData = AdressCode+strData & Hex(BytReceived(i)) & " "
                        End If
                    Next
                    Text1 = strData
                    Call hexSend2                         '发送一个十六进制数
                    strData = ""
                    Else
                        Text1 = Text1 & strBuff
                        If MSComm2.PortOpen = False Then
                            MsgBox "请打开串口 B"
                        End If
                        On Error GoTo uerror3
                        MSComm2.Output = strBuff
                        Label14.Caption = Label14.Caption + Len(strBuff) '发送计数
                    End If
            End Select
            uerror3:
        End Sub
```

　　本节介绍地址串口转换的纯软件方法和程序，对不带地址的串口多机通信具有一定的使用价值。本软件不仅实现了地址串口的转换，同时还实现了波特率、校验位、数据位和停止位的转换。纯软件地址串口转换的不足之处在于占用了一台计算机，并且必须配有两个专门用于转换的串口。如果要实现方便简单的地址串口转换，还是要用具有双串口的单片机方案，通过对单片机的两个串口进行地址等格式的设置，而两个串口在内部进行数据地址帧的加减。这种方案就是前面介绍的地址串口转换器。

4.5　RS-485 的节点数和距离极限

　　在下一代 RS-485 总线的概念下，波仕电子将原本用于延长 RS-485 通信距离并且提高负载能力的中继器与 RS-232/RS-485 转换器进行绑定，推出 RS-232/RS-485 中继转换器，同时对 RS-485 信号的流向进行整理，使得用户在使用时感觉就是一个 RS-232 与 RS-485 的转换器。这种思想体现在"一种带中继功能的串口转换器"专利文献中（专利号 ZL201420502117.5）。对于波仕电子而言，下一代 RS-485 总线的变化就是不受最远距离和节

点数的限制，同时下一代 RS-232/RS-485 中继转换器 485A2 还应保持无须供电的特性。在这个思路中，波仕电子的 RS-232/RS-485 中继转换器突破了传统 RS-485 总线的节点数和距离的限制。每接一个 RS-232/RS-485 中继转换器，RS-485 信号都得到了中继增强，所以这种 RS-485 总线不再受一条 RS-485 总线最远 1200 m 的限制，而且当接 N 个转换器时就可以达到 1200 m 的 N 倍距离。本节将讨论 N 的理论极限。传统的 RS-485 总线有接负载个数的限制，如 128 个，就是同一条 RS-485 总线中最多挂 128 个 RS-485 口。使用 N 个 RS-232/RS-485 中继转换器构成的 RS-485 总线中，由于接入的转换器将 RS-485 总线分开为了 N 段（每一段之间相当于有一个中继器），所以当接 N 个转换器时就可以达到 128×N 的负载个数，本节也将讨论 N 是否受负载数限制。

4.5.1 带中继功能的串口转换器

专利 ZL201420502117.5 描述了一种带中继功能的串口转换技术。一般的 RS-232 到 RS-485 的转换器只能够实现最远 1200 m 的距离，如果这种转换器可以从 RS-232 双向转换出两个 RS-485 口，那么最远距离可以达到 2×1200 m=2400 m。本专利的技术不仅把一个 RS-232 转换出两个 RS-485，而且这两个 RS-485 之间具有中继功能。主要优势在于：中间节点的 RS-232 每接一个中继转换器，那么距离就再增加 1200 m。虽然中继转换器可看成转换器与中继器的组合，也就是说，可以接转换器再加中继器进行组合来实现同样的功能，但是在实际布线时由于是一个整体，那么布线会明显简化，包括外接电源的简化，等等。

如图 4-19 所示，RS-232 分别接到转换器 1 的 RS-232 和转换器 2 的 RS-232。转换器 1 的 RS-485 和转换器 2 的 RS-485 分别接到中继器 3 的两端。转换器 1、转换器 2、中继器均作为本方案的一部分共同使用一个电源供电。

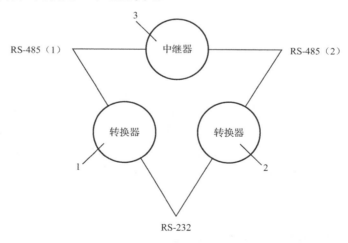

图 4-19　带中继功能的串口转换器原理

在图 4-20 所示的 RS-485 多机通信系统中，由于本方案带中继功能，所以负载数量可以达到多倍的 RS-485 标准负载数量，而如果设备的 RS-232 都仅仅使用 RS-232 到 RS-485 转换器，则整个 RS-485 距离负载数量只可以到最多 128 个。相对于转换器再加中继器的 RS-485 总线布线而言，本方案具有驱动能力加倍而且对称的特性，布线简单、成本低。

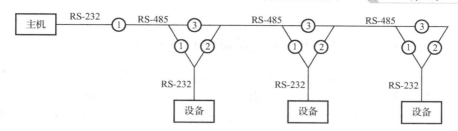

图4-20　中继转换器应用于 RS-485 多机通信的典型接线

4.5.2　突破 RS-485 节点数和距离极限的布线方式

具体实施的 RS-232/RS-485 中继转换器（型号为 485A2）有一个 DB-9 孔端的 RS-232 和两个带接线端子的 RS-485。DB-9 孔端用于接 RS-232，DB-9 针端通过接线端子板连接 RS-485。485A2 的接线端子板上有 5 个接线端子（A1、B1、GND、B2、A2），为两个 RS-485，共用 GND。A1、B1 与 A2、B2 是功能完全相同的，不分方向。两个 RS-485 具有相互中继的功能。

图 4-21 是 485A2 应用于 RS-485 多机通信的典型接线。若每一段 RS-485 的距离为 1200 m 和 128 个，则整个 RS-485 系统的距离达到（$N \times 1200$ m），节点数达到（$N \times 128$）。可以看出，使用了 485A2 的 RS-485 总线布线极其简洁。最远两端可以用 485A，也可以用 485A2。注意，整个 RS-485 系统共用 GND。

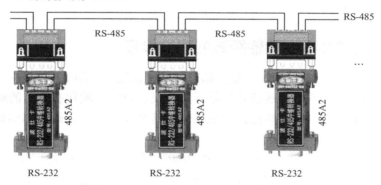

图 4-21　485A2 应用于 RS-485 多机通信的典型接线

4.5.3　RS-485 多机通信节点数的极限

假设 RS-485 通信的地址编码为 8 位，那么最多的节点数就是 $2^8 = 256$；假设 RS-485 通信的地址编码为 10 位，那么最多的节点数就是 $2^{10} = 1024$（10 位已经极少用到）。这个总线中的 RS-485 节点数的极限完全取决于通信软件，与总线中所接入的 RS-485 中继转换器个数没有关系。实际上，因为受 RS-485 接口芯片性能的限制，每一段 RS-485 目前最多接 128 个节点，所以要达到 256 个的极限就应至少接一个 485A2 中继转换器，要达到 1024 极限就要至少 8 个 485A2 中继转换器。

4.5.4　无数据丢失的 RS-485 传输距离的理论极限

假设波特率为 9600 b/s，就是每秒 9600 位（bit）。每个数据有 1 个起始位、8 个数据位、1 个校验位、1 个停止位，一共 11 位。也就是传输一个字节（1 byte）、共 11 位的时间是 11×1/9600=0.001146 s。在这个时间内电磁波的传输距离（以光速 299792458 m/s 传输）为 343512 m，即 343.5 km。

如果 RS-485 信号的电磁波延时达到 0.001146 s（即 1.146 ms），那么就会延时到错位 1 个字节（1 byte），这样的串行通信就可能无法正常进行。怎么理解呢？比如在某一时刻主机以 9600 b/s 同时向所有从机发送一组带地址的信号（比如连续的两个地址数据 m、n），注意在 9600 b/s 下每传一个数据的时间差为 1.146 ms，也就是发数据 m 比发数据 n 早 1.146 ms。如果没有电磁波的延时，则总线中特定地址 m 和 n 的从机就会隔 1.146 ms 响应（n 比 m 晚）。如果地址 n 的从机就在主机附近，而地址 m 在非常远的最远处（电磁波信号需要 1.146 ms 后才能到达），那么从机 n 在收到信号 n 时立即应答，而此时最远的从机 m 刚刚收到主机信息 m 所以也正在立即应答。如果从机的应答都带着相应的操作动作，则同时出现的多从机应答有可能导致无法预测的后果。

我们得到的结论就是：RS-485 的理论传输的最远距离在 9600 b/s 时大约为 343512 m。假设每 1200 m 进行一次中继，343512 m/1200 m=286.26，也就是说要达到 RS-485 的理论极限，需要至少 287 次中继延长。

4.5.5　无误码的 RS-485 传输距离的理论极限

并非只有当两个字节的全部 11 位完全错位时才无法通信，实际上只要有其中 1 位（1 bit）错位就会存在误码，这样的串行通信效果就不好。虽然有时候软件有一定的纠错功能，在一定程度的误码情况下也可以传输数据，但是我们还是要弄清楚无误码的 RS-485 通信距离极限。

假设波特率为 9600 b/s，就是每秒 9600 位，传输 1 位（1 bit）的时间是 1/9600=0.000104 s，在这个时间内电磁波的传输距离（以光速 299792458 m/s 传输）为 31228 m。如果电信号的电磁波延时达到 0.000104 s（大约 0.1 ms），那么延时就会错位 1 个数据位（1 bit），这样就会出现误码。如何理解呢？在某一时刻主机收到的最远的节点的数据会与大约 0.1 ms 前最近的节点发送的数据重叠 1 位，这样就有误码了。也就是 RS-485 的无误码通信的理论最远距离在 9600 b/s 时大约为 31 km。假设每 1200 m 进行一次中继，31228 m/1200 m≈26.02，也就是说要达到 RS-485 的理论极限，需要至少 27 次中继延长。

以上可以看出，RS-485 通信距离的理论极限与波特率成反比，波特率越高极限距离越短。当波特率为 115200 b/s 时（12×9600），无误码传输的理论极限距离为 31228/12≈2602.3 m，大约只有 2.6 km。这也难怪 RS-485 的远程通信只说 9600 b/s 时传输多远，几乎不提 115200 b/s。

4.5.6　其他介质和其他总线的理论极限

以上的 RS-485 距离极限 343512 m 以及 31228 m（9600 b/s）与传输介质无关，也就是说，即使用光纤传输，RS-485 的最远传输距离也是这么多，无线传输也是一样的。以上的无误码

RS-485 传输距离极限 31228 m（9600 b/s）与协议无关，就是说用 CAN、PROFIBIUS 最远也是这么多，原理是一样的。以上的 RS-485 传输距离极限 343512 m（9600 b/s）与数据位数有关，而且成正比例，也就是说，同样采用现场通信的 CAN 总线，用 CAN2.0 标准（29 位）比 CAN1.0 标准（11 位）传输距离的极限更大，大一倍以上。

4.6　串口波特率转换的实现

4.6.1　串口波特率转换器的使用

串口通信，通常就是指 RS-232/RS-485 通信，要求通信的双方波特率等通信格式一样才可以通信。但在许多情况下，两种不同格式（比如不同波特率）的串口也要相互通信，这就必须进行串口波特率等格式的转换。本节将介绍如何实现串口波特率的转换。

如果串口设备 1 与串口设备 2 之间需要通信，但它们之间的通信波特率不一样。实现串口波特率的转换的原理就是利用串口波特率转换器的两个串口，称为串口 A 和串口 B，分别设置为不同的波特率。串口 A 的波特率通过产品的 J2、J1、J0 来设置，串口 B 的波特率通过产品的 K2、K1、K0 来设置，参见表 4-2。其中串口 A 按照串口 A 设置的波特率接收串口设备 1 的数据并且立即向串口 B 按照串口 B 设置的波特率发送出去，同样串口 B 以串口 B 设置波特率收到串口设备 2 的数据并且立即向串口 A 以串口 A 设置的波特率发送出去。

串口波特率转换器（型号 BTL485）的外形如图 4-22 所示，产品左边为 DB-9 孔端的 1 号 RS-232，左下面为 A1、B1 的 1 号 RS-485；右边为 DB-9 针端的 2 号 RS-232 口，右下面为 A2、B2 的 2 号 RS-485。产品上边为波特率设置的跳线，左边的 J2、J1、J0 用于设置左边 1 号 RS-232 和 RS-485 的波特率；右边的 K2、K1、K0 用于设置右边 2 号 RS-232 和 RS-485 的波特率。

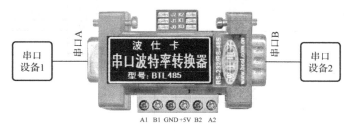

图 4-22　串口波特率转换器外形图

BTL485 的左边 DB-9 孔端可以直接外接计算机的 RS-232，右边的 DB-9 针端引脚分配同计算机的 RS-232，但是都只有 RXD、TXD、GND 三根线。1 号 RS-232/RS-485 与 2 号 RS-232/RS-485 之间不隔离公用地线和 5 V 电源。BTL485 需要外接直流 5 V 电源。每次通过跳线设置波特率之后都需要重新上电。

串口波特率转换器两边的串口可以分别独立设置波特率，参见表 4-2，0 表示断开，1 表示短路。

表 4-2　BTL485 的跳线设置

串口 A 的波特率设置				串口 B 的波特率设置			
J2	J1	J0	波特率/（b/s）	K2	K1	K0	波特率/（b/s）
0	0	0	1200	0	0	0	1200
0	0	1	2400	0	0	1	2400
0	1	0	4800	0	1	0	4800
0	1	1	9600	0	1	1	9600
1	0	0	19200	1	0	0	19200
1	0	1	38400	1	0	1	38400
1	1	0	57600	1	1	0	57600
1	1	1	115200	1	1	1	115200

4.6.2　串口波特率转换器的硬件设计和单片机软件

串口波特率转换器的内部有一个带双串口的单片机 STC12C5A60S2，单片机自动完成两个串口之间的数据交换。串口波特率转换器的硬件设计如图 4-23 所示。

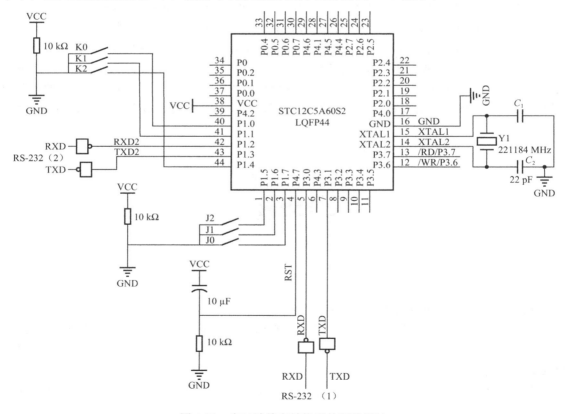

图 4-23　串口波特率转换器的硬件设计

单片机程序采用 C 语言编写，核心功能就是先将两个串口 UART1 和 UART2 根据跳线设置的状态进行波特率等初始化设置，然后随时将 UART1 接收的数据立即送到 UART2 的发送区，以及将 UART2 接收的数据立即送到 UART1 的发送区，核心代码如下。

```
//UART1 发送字符数组函数
void Uart1_Sendstr(uchar len,uchar stemp[])
{
    uchar i=0;
    for(i=0;i<len;i++)
    {
        TI=0;
        SBUF=stemp[i];
        while(TI==0);
        TI=0;
    }
}
//UART2 发送字符数组函数
void Uart2_Sendstr(uchar len,uchar s[])
{
    uchar i=0;
    while(len--)
    {
        Uart2_Senddat(s[i]);
        i++;
    }
}
//主函数
void main()
{
    uchar Uart1Set=0,Uart2Set=0;
    PortInit();                                  //按键端口初始化
    Uart1_Init();                                //UART1 初始化
    Uart2_Init();                                //UART2 初始化
    Uart1Set=J2;
    Uart1Set=(Uart1Set<<1)|J1;
    Uart1Set=(Uart1Set<<1)|J0;                   //读取端口值
    switch(Uart1Set)
    {
        case 0x00:TH1=0xFF;TL1=0xFF;break;       //115200
        case 0x01:TH1=0xFE;TL1=0xFE;break;       //57600
        case 0x02:TH1=0xFD;TL1=0xFD;break;       //38400
        case 0x03:TH1=0xFA;TL1=0xFA;break;       //19200
        case 0x04:TH1=0xF4;TL1=0xF4;break;       //9600
        case 0x05:TH1=0xE8;TL1=0xE8;break;       //4800
        case 0x06:TH1=0xD0;TL1=0xD0;break;       //2400
        case 0x07:TH1=0xA0;TL1=0xA0;break;       //1200
        default:break;
    }
}
```

本节介绍的串口波特率转换的硬件方法和单片机代码，对不同波特率之间的串口通信具有一定的使用价值。串口波特率转换器的优点在于使用简单方便，不足之处在于只能够转换波特率而没有对数据位、停止位、校验位进行转换，而且对于不常见的波特率的转换还需要定制。如果要实现各种格式波特率的全面转换，还要用计算机安装专门的串口波特率转换软件，对计算机的两个串口进行波特率等格式的设置，而两个串口在计算机内部进行数据透明传输。这就是下面要介绍的内容。

4.6.3　串口波特率转换的纯软件实现

本节将介绍如何用纯软件实现串口波特率的转换。

如果串口设备 1 与串口设备 2 之间需要通信，但是它们之间的通信波特率不一样。纯软件实现串口波特率转换的原理就是利用计算机的两个串口，称为串口 A 和串口 B，分别设置为不同的波特率、不同的校验位、不同的数据位和不同的停止位。其中串口 A 按照串口 A 设置的波特率等格式接收数据并立即向串口 B 按照串口 B 设置的波特率等格式发送出去，同样串口 B 以串口 B 设置波特率等格式接收数据并立即向串口 A 以串口 A 设置的波特率等格式发送出去。

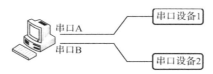

图 4-24　串口设备之间通过计算机进行串口波特率转换

将计算机的串口 A 连接串口设备 1，串口 A 的通信波特率设置为串口设备 1 的波特率、校验位、数据位和停止位。将计算机的串口 B 连接串口设备 2，串口 B 的通信波特率设置为串口设备 2 的波特率、校验位、数据位和停止位。计算机必须至少有两个 RS-232 串口，扩展串口可以采用 USB-串口转换器等。这样就可以实现串口设备 1 与串口设备 2 之间的通信。

串口波特率转换软件的界面如图 4-25 所示。左边分别是两个串口的设置框，分别可以设置 COM 口 A 或 B 的号码、波特率、校验位、数据位和停止位，默认的格式为（9600，n，8，1）。可以选择的 COM 口 A 或 B 的号码为 1 到 16。COM 口 A 或 B 的号码可以从操作系统的"设备管理器"→"端口"看到，波特率的可选择范围为 256000、128000、115200、57600、38400、28800、19200、14400、9600、4800、2400、1200、600；校验位可选择 n（无）、o（偶）、e（奇）；数据位可选择 8、7、6、5、4；停止位可选择 1 和 0。

设置好串口格式后，单击"打开串口"按钮。注意 A 和 B 两个串口都要打开。成功打开串口后会在"打开串口"按钮的旁边显示红色的圆圈。"打开串口"按钮下面为"清空计数"按钮和本串口接收和发送数据的个数。正常情况下，由于串口 A 接收到的数据都立即发送给了串口 B，所以串口 A 接收的计数与串口 B 发送的计数一样。同理串口 B 接收的计数与串口 A 发送的计数也一样。

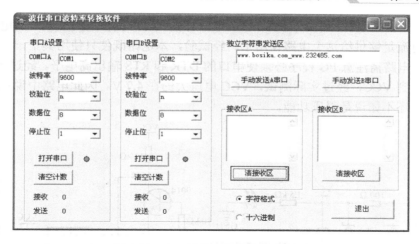

图 4-25　串口波特率转换软件的界面

　　串口波特率转换软件的界面右边为测试和检测部分，正常工作时不需要操作。单击"手动发送 A 串口"可以测试串口 A 的设置是否生效，是否可以正确与串口设备 1 通信，接收到的数据显示在"接收区 A"框内。串口 B 的部分具有同样的功能。右下角有"字符格式"和"十六进制"的选项，默认为"字符格式"。当选中"十六进制"时，本软件可以实现十六进制数据的格式转换，特别适合 Modbus 等工控软件。

　　如果在软件界面上只打开一个串口，比如串口 A 或者串口 B，那么本软件就是一个功能齐全的串口调试助手软件，可以进行每个串口的设置、数据收发等。

　　本软件用 Visual Basic 编写，串口用 MSCOMM 控件实现（本书配套的开发资料包中有源代码），核心功能就是将 Mscomm1 接收的数据立即送到 Mscomm2 的发送区。难点在于对十六进制数据的转换处理。

　　本节介绍的串口波特率转换的纯软件方法和程序，对不同格式之间的串口通信具有一定的使用价值。本软件不仅实现了串口波特率的转换，还同时实现了校验位、数据位和停止位的转换，可以参考本书配套的开发资料包中本软件的源代码。纯软件串口波特率转换的不足之处在于占用了一台计算机，并且必须配有两个专门用于串口波特率转换的串口。如果要实现方便简单的波特率转换，还是要用具有双串口的单片机，对单片机的两个串口进行波特率等格式的设置，而两个串口在内部进行数据透明传输。这种产品就是前面介绍的串口波特率转换器。

4.7　RS-232 转 RS-485 通信电路

4.7.1　RS-232 转 RS-485 通信电路的设计

　　RS-232 转 RS-485 通信电路，即 RS-232/RS-485 转换器的电路如图 4-26 所示，转换器主要包括端口供电电源、RS-232 电平转换电路、RS-485 电平转换电路三部分。本电路的 RS-232 电平转换电路采用了 MAX232 集成电路，RS-485 电平转换电路采用了 MAX485 集成电路。为了使用方便，电源部分设计成无源方式，整个电路的供电直接从 PC 的 RS-232 接口中的

DTR（4 引脚）和 RTS（7 引脚）获取，PC 串口每根线可以提供大约 9 mA 的电流，因此两根线提供的电流足够供给这个电路使用了。经试验，本电路既使只使用其中一条线也能正常工作。使用本电路需注意 PC 程序必须使串口的 DTR 和 RTS 输出高电平。经过 5.1 V 稳压二极管稳压后得到 VCC，经过实际测试，VCC 电压大约在 4.7 V。因此电路中说稳压二极管起的作用是稳压还不如说是限压功能。

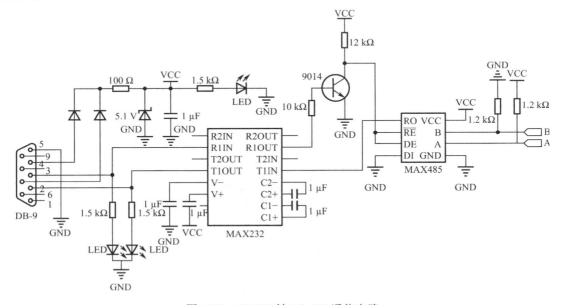

图 4-26 RS-232 转 RS-485 通信电路

从图中可以看出，MAX485 芯片的结构和引脚都非常简单，内部含有一个驱动器和接收器，RO 和 DI 引脚分别为接收器的输出端和驱动器的输入端。MAX485 与 MAX232 连接时只需要分别与 R1OUT 和 T1IN（TTL 电平的 RXD 和 TXD）相连即可。$\overline{\text{RE}}$ 和 DE 引脚分别为 MAX485 芯片接收和发送的使能端，当 $\overline{\text{RE}}$ 为逻辑 0 时，器件处于接收状态；当 DE 为逻辑 1 时，器件处于发送状态。因为 MAX485 工作在半双工模式，所以只需要用 MAX232 芯片的一个引脚控制这两个引脚即可。A 和 B 引脚为 RS-485 的差分信号端，当 A 的电平高于 B 时，代表数据是 1，反之是 0。同时 A 和 B 引脚之间可加匹配电阻，一般选 120 Ω 的电阻。

4.7.2　RS-232 端口供电技术

以上提到的 RS-232 端口供电技术要求 RS-232 的 RTS 或 DTR 信号必须为高电平（+3～+15 V，典型值为+9 V），就是信号 0。非常不巧的是，RS-232 的信号线的空闲状态为 1，就是低电平（-3～-15 V，典型值为-9 V），如果不能在 RS-485 串行通信程序中加入设置 RTS=1或者 DTR=1，使得 RTS 或 DTR 为高电平（+3～+15 V，典型值为+9 V），那么这个RS-232/RS-485 转换器就没有电源，也就无法工作。

本节介绍的"RS-232 端口供电技术"（专利号 ZL201020101126）无须对 RTS 或 DTR 进行设置，只用 TXD 信号就可以实现端口供电的功能，而且重要的是这个方案的供电能力可以达到 500 mA，比上面的方案增加了一个数量级。这样不仅实现 RS-232/RS-485 转换器的无源供电，而且还可以实现 RS-232 到光纤接口转换器等设备的无源供电。

本专利技术提供一种 RS-232 充电和供电电路实现。

（1）带 RS-232 的设备可以内置锂电池并且利用计算机的 RS-232 的 TXD 信号的电压对锂电池进行充电。

（2）带 RS-232 的设备可以用锂电池对负载供电，因而无须外接电源。

（3）平时断开负载时内置锂电池不放电。

（4）平时设备不插计算机的 RS-232 时内置锂电池不放电。

（5）平时插在计算机的 RS-232 上但在计算机断电时内置锂电池不放电。

RS-232 插头 1 一般为 DB-9 的孔头，可以直接插入计算机的标准 DB-9 针 RS-232 插座。图 4-27 中所示的是连接了 TXD 信号，也可以连接 RTS 或 DTR 信号。锂电池 2 与普通的手机用锂电池是一样的，可以多次充电，实际上用其他种类的充电电池也一样。模拟开关 3 为 MAXIM 公司的 MAX317 集成电路，MAX317 手册上供电电源的负极 V_ 标记为 GND；MAX317 是一种单路开关，也可以选用多路开关集成电路，只用其中一路就可以。负载 4 是各种可以用锂电池驱动的电路。5 为稳压二极管，稳压电压为 5.1 V，用于保护锂电池，避免充电电压过高。6、7、8 均为普通开关二极管，型号为 1N4148。由于 TXD 信号的电压平时为负值（−9 V 左右），所以二极管 6、7 的方向均为负极接到 TXD。

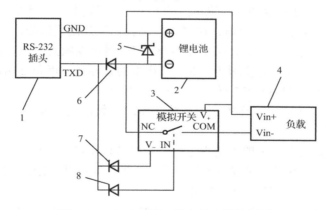

图 4-27　RS-232 端口供电技术设计框图

RS-232 插头 1 的 TXD 通过二极管 6 接到锂电池 2 的负极，RS-232 插头 1 的 GND 直接接到锂电池 2 的正极。当 RS-232 插头 1 插到计算机的 RS-232 插座上时，如果此时计算机是通电工作的，那么 TXD 平时就会有大约−9 V 的电压。这个电压通过 GND 以及二极管 6 对锂电池 2 进行充电。TXD 只有在 RS-232 发送数据时才会出现临时短脉冲的+9 V 电平，平时发送完毕和准备发送时的电平一直为−9 V，所以不会影响充电；另外二极管 6 的单向导通特性保证了+9 V 电平不能传到锂电池的负极。稳压二极管 5 提供充电过电压保护。TXD 还通过二极管 7 和 8 接到模拟开关 3 的 V_ 和 IN。由于 IN 和 V_ 是短路连接的，所以只要模拟开关 3 的 V+ 与 V_ 之间有供电电压，因为 IN 总是与 V_ 一样的低电平，所以 NC 与 COM 之间总是导通的。当 RS-232 插头 1 插到计算机的 RS-232 插座上时，如果此时计算机是通电工作的，那么 TXD 就会有大约−9 V 的电压，经过二极管 7 之后模拟开关 3 的 V+ 与 V_ 之间仍然有供电电压，而 IN 总是低电平，所以此时 NC 与 COM 之间是导通的，锂电池 2 就可以对负载 4 进行供电；同时由于 TXD 的电压值（−9 V）明显大于锂电池的电压（4.2 V），所以 TXD 会一直经过 GND 以及二极管 6 对锂电池 2 进行充电。平时断开负载 4 时，只要 RS-232 插头 1 插到计算机的 RS-232 插座上并且计算机是通电工作的，TXD 就会一直经过 GND 以及二极管 6 对锂电池 2 进行充电。由于此时断开了负载，所以这种情况下锂电池 2 只充电不放电。二极管 6、7、8 的作用还在于当 TXD 的电平状态变为+9 V（电平 0）时 TXD 无法将这个正电平加到锂电池 2 的负极以及模拟开关 3 的 V-和 IN，这样可以避免对锂电池 2 和模拟开关 3 的损坏。

当 RS-232 插头 1 插到计算机的 RS-232 插座上时，如果此时计算机没有通电，则模拟开关 3 没有供电电压，此时 NC 与 COM 之间是断开的，锂电池 2 无法对负载供电；同时由于二极管 6 的正极接在锂电池 2 的负极，所以锂电池 2 也无法向计算机的 RS-232 口放电。当 RS-232 插头 1 拔出计算机的 RS-232 插座时，相当于此时计算机没有通电，所以锂电池 2 也无法对负载供电，另外既然已经拔下插头就不存在锂电池 2 向计算机的 RS-232 口放电的可能，也不存在计算机对锂电池充电的可能。

4.8　无源 RS-232 数据采集器

上一节讲到，RS-232 的 RTS、DTR 甚至 TXD 脚可以对外提供 5 V 的供电电压，这样的技术也称为 RS-232 窃电或端口取电，这样的产品我们称为是无源的，即无须另外加电源供电。采用 RS-232 窃电技术，不仅 RS-232/RS-485 转换器可以做到无源，而且 RS-232 数据采集器也可以实现无源。前面提到过，实现 RS-232 窃电的条件之一就是要用软件置 RTS 或 DTR 为高电平（信号 0）。这在把 RS-232 转换为 RS-485 时显得麻烦，但是对于数据采集器没有问题，因为数据采集器在工作时运行的是专门的 RS-232 数据采集软件，只要在这个软件中置 RTS 或 DTR 为高电平（信号 0）即可。

实现 RS-232 无源数据采集的关键点之一就是必须选用低功耗的 A/D 转换芯片，并且必须是串行接口而不是并行接口，因为 RS-232 不可能提供 8 位并行接口。Linear Technology 公司的 LTC1290 就是一块这样的 A/D 转换芯片。

LTC1290 是一种采用 SPI 接口、逐次逼近 A/D 转换技术的高速超低功耗 A/D 转换芯片，内部具有 8 通道多路 A/D 转换、宽带跟踪/保持电路和串行接口；8 路单端输入或 4 路差动输入可由软件设定，转换结果由串行接口输出；分辨率为 12 位，A/D 转换时间为 13 μs，采样速率最大为 50 kHz。芯片可由单 5 V 或双±5 V 电源供电，其串行接口可与 SPI 兼容，可采用内部时钟或外部时钟完成 A/D 转换，内部基准电压为 4.096 V，具有硬件关断和软件关断两种模式。

SPI 也是一种串行通信总线标准，主要用于单片机之间或者单片机与外部扩展芯片之间的通信。SPI 是串行外设接口（Serial Peripheral Interface）的缩写，它是一种高速的、全双工、同步的通信总线，在芯片的引脚上占用四根线：SCLK、DIN、DOUT、CS。如今越来越多的芯片集成了这种通信协议，比如 MAX186。单片机用普通的 I/O 口就可以连接外部芯片的 SPI 接口，只需遵循 SPI 时序要求即可。

4.8.1　LTC1290 芯片描述

LTC1290 是一种用于数据采集的器件，包含一个串行 I/O 逐次逼近型 A/D 转换器。它使用 LTCMOS 开关电容技术进行 12 位单极性和 11 位带符号的双极性转换。8 个通道可以配置成 8 个单通道，也可以配置成 4 个差分输入。对于所有的单端输入，有一个片内采样保持电路。需要低功耗时，可以通过串口进行编程使 LTC1290 掉电休眠，串行 I/O 被设计成符合工业标准的全双工串行接口，输出数据字可以被编程为 8、12 和 16 位输出。

LTC1290 引脚定义如下。

- CH0～CH7：模拟输入通道，所有输入必须相对于 AGND 没有噪声。
- COM：单通道输入时，用来定义零基准，与地相接，必须没有噪声。
- DGND：数字地，芯片内部逻辑的参考地。
- AGND：模拟地，与电路中的模拟地相连。
- V−：负电压输入端。
- REF−和 REF+：基准电压输入端，REF−接地，REF+接正电压。
- $\overline{CS}$：片选端，低电平时选中芯片。
- D_{OUT}：串行输出转换结果。
- D_{IN}：数字地址输入端，$\overline{CS}$ 置低电平后，A/D 转换配置地址从此输入。
- SCLK：移位时钟，用来同步 A/D 转换串行数据传输。
- ACLK：A/D 转换时钟，用来控制 A/D 转换过程。
- VCC：正电源，必须避免干扰，信号应该绕开地线。

4.8.2　硬件电路设计及 QBASIC 程序

整个数据采集器用到 4 个芯片：A/D 转换芯片 LTC1290、逻辑芯片 74C74 和 74HC14，以及稳压芯片 LT1021-5。74C74 的目的仅仅是为了给 LTC1290 提供片选信号 $\overline{CS}$。根据作者的调试结果，如果去掉 74C74，直接把 LTC1290 的 $\overline{CS}$ 接 GND，整个电路也是可以照样工作的。控制片选信号 $\overline{CS}$ 的目的是使得 LTC1290 在不工作时进入休眠状态，这样可以降低功耗。对于无须供电的无源数据采集器而言，这种省电没有意义。74HC14 的作用是进行 RS-232/TTL 的电平转换。DTR 和 RTS 的高电平（计算机 RS-232 的典型值为+9 V）被二极管 D1 和 D2 钳位，所以不会太高，可以被 74HC14 识别为高电平 1。LT1021-5 是 Linear Technology 公司生产的稳压电路芯片，实际上在这里可以用一个 5.1 V 的稳压二极管代替，正如图 4-26 一样。DTR 和 RTS 的低电平（计算机 RS-232 的典型值为−9 V）经过两个 50 kΩ 电阻减弱后会被 74HC14 当成低电平 0 来处理。电子工程师向来设计严谨，极少像这样对信号进行非标准的处理，一般对 RS-232 的处理都会用 MAX232 来实现，但是那样就难以做到 RS-232 的无源数据采集，可见他们在电路设计上也具有相当的灵活性。

对 RS-232 电平的非标准处理的更巧妙的地方在于对 CTS 信号的识别。如果说把 DTR 和 RTS 的±9 V 输入转换为 0/5 V 输出，还易于用普通逻辑芯片 74HC14 来实现，那么反过来把 0/5 V 输入转换为±9V 输出就是不可能的，因为+5 V 供电的 74HC74 是无法产生负电平的。在本设计中，软件对 CTS 的处理是：只读取高电平 5 V（74HC14 的 8 引脚），被识别为 RS-232 的 0，其他情况被默认为 1。74HC14 的 8 引脚的高电平 5 V 正好位于 RS-232 的 0 的电压范围内（+3 V～+15 V），所以可以被 RS-232 正常识别为 0。74HC14 的 8 引脚的低电平 0 V 本来是无法被 RS-232 识别的，但是软件按"其他情况均默认为 1"来处理。

在 A/D 转换时，首先需从 D_{IN} 串行输入一个控制字节，用该控制字节设定每次转换的工作模式和通道号，在外部时钟 SCLK 的上升沿将该控制字节从高位到低位逐位输入。将控制字节输入后，A/D 转换器开始转换。转换结束后，在 SCLK 的下降沿将转换结果从 D_{OUT} 输出。

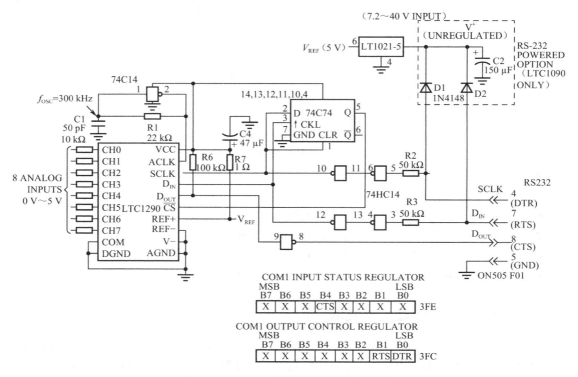

图 4-28　RS-232 数据采集器电路设计图

对 LTC1290 进行 A/D 转换子程序（QBASIC 语言）：

```
'LTC1290 TO RS232 IBM PC A/D 转换  BY GUY KOOYER
'&H3FC IS THE ADDRESS IN HEX OF RS232 OUTPUT CONTROL REGISTER
'&H3FE IS THE ADDRESS IN HEX OF RS232 INPUT STATUS REGISTER
'   "111101110001"   CH0 \
'   "111101110011"   CH1   \
'   "111101111001"   CH2    \
'   "111101111011"   CH3     \ DIN WORDS FOR CH0~CK7 SINGLE ENDED,
'   "111101110101"   CH4     / UNIPOLAR,MSB FIRST ,AND 12 BITS
'   "111101110111"   CH5    /
'   "111101111101"   CH6   /
'   "111101111111"   CH7 /
DIN$="111101111111"        'CH7,UNIPOLAR,DIN IS SENT LSB FIRST
B=2048                     'B IS SCALE FACTOR FIR DOUT
VOUT=0                     'VOUT IS DECIMAL REPRESENTATION OF LTC1290
FO I=1 TO 12               'LOOP 12 TIMES
    OUT &H3FC,(&HFE AND INP(&H3FC))
    IF MID$(DIN$,13-I,1)="0" THEN OUT &H3FC,(&HFD AND INP(&H3FC)) ELSE
        OUT &H3FC,(&H2 OR INP(&H3FC))
        OUT &H3FC,(&H1 OR INP(&H3FC))
```

```
        IF (INP(&H3FC AND 16)=16 THEN D=0 ELSE D=1
        VOUT=VOUT+(D*8):B=B/2
NEXT I
OUT &H3FC,(&HFD AND INP(&H3FC))
OUT &H3FC,(&H2 OR INP(&H3FC))
```

现在的 Windows 已经禁止了对硬件接口寄存器的直接读写，屏蔽掉了 INP 和 OUT 指令，但是在 Visual BASIC 6 下可以用对通信控件 MSCOMM.OCX 的操作来实现类似 INP 和 OUT 指令的功能。比如：

```
MSComm1.RTSEnable = True          '置 RTS 为 1
MSComm1.DTREnable = True          '置 DTR 为 1
MSComm1.RTSEnable = False         '置 RTS 为 0
MSComm1.DTREnable = False         '置 DTR 为 0
If MSComm1.CTSHolding Then D0 = 0 Else D0 = 1     '读取 CTS 值
If MSComm1.DSRHolding Then D1 = 0 Else D1 = 1     '读取 DSR 值
```

4.8.3　数据采集器产品及 VB 程序

根据图 4-28 设计的无源数据采集器如图 4-29 所示，产品体积非常小，可以装在 DB-9/DB-9 转接盒里，所以被称为微型数据采集器，无须外接电源，特别便于携带。

产品性能：分辨率为 12 位 A/D 转换，通道数为 8 路单端/4 路伪差分（软件设置），采样速率≤1.5 kHz，量程为 0～4.096 V/±2.048 V。微型数据采集器配套提供用 Visual Basic6.0（可显示波形、存盘、取盘、打印）、QBASIC、Visual

图 4-29　RS-232 微型数据采集器外形

C++和 Turbo C、Excel、Word 编写的数据采集驱动软件（这些软件的源代码在本书配套资料包中有提供）。用 VB6 编写的软件的运行界面如图 4-30 所示，其中的 A/D 转换子程序如下。

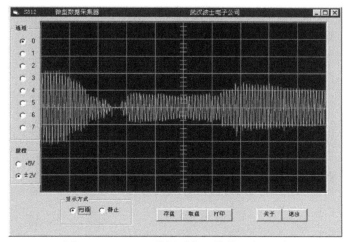

图 4-30　RS-232 数据采集器软件运行界面

```
Function adc(B, Din) As Integer
Val = 0
For i = 1 To 8                                      '循环 8 次，每次读取 D_IN 的一位
    MSComm1.DTREnable = False                       '置 DTR=0
    If Mid$(Din, i, 1) = "1" Then
        MSComm1.RTSEnable = False                   '置 RTS=0
    Else: MSComm1.RTSEnable = True                  '否则置 RTS=1
    End If
    MSComm1.DTREnable = True                        '置 DTR=1
Next i
MSComm1.RTSEnable = False                           '置 RTS=0
MSComm1.RTSEnable = True                            '置 RTS=1
For k = 0 To 12                                     '循环 12 次，每次读取 A/D 转换结果的一位
    MSComm1.DTREnable = False                       '置 DTR 为 0
    MSComm1.DTREnable = True                        '置 DTR 为 1
    If MSComm1.CTSHolding Then D(k) = 0 Else D(k) = 1       '读取 CTS 的值
Next k
U = 2048                                            '以下为把 A/D 转换的二进制码转换为十进制码
For k = 1 To 12
Range$ = Mid$(Din, 5, 1)
    If Range$ = "1" Then
        S = "+"
        Val = Val + U * D(k)
    End If
    If Range$ = "0" Then
        If   D(1) = 0 Then
                S = "+"
            Val = Val + U * D(k)
        Else: Val = Val + (1 - D(k)) * U
            S = "-"
        End If
    End If
    U = U / 2
Next k
adc = Val
End Function
```

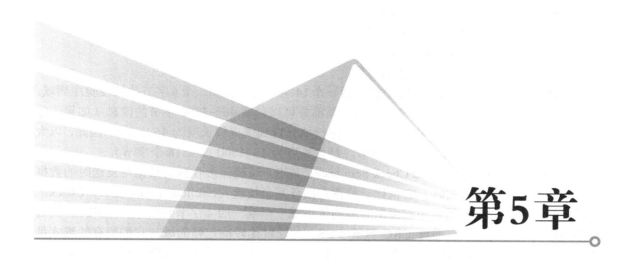

第5章

以太网串口服务器

5.1 以太网通信帧格式

以太网组成的网络称为局域网或互联网，通信协议采用 TCP/IP。本节只是简单介绍一下以太网通信的帧格式，读者无须对它进行深入研究。本书是介绍串行通信技术的，读者只需了解以太网帧格式与 RS-232 串行通信帧格式有许多相似之处，例如，都是全双工的，都是串行的数据，都包含了地址、数据、校验位等。

以太网的几种协议，主要包括以太网第二版、IEEE 802 系列、令牌环网和 SNAP 等。其中最为常见的，也就是以太网第二版 V2 和 IEEE 802 系列，这里主要介绍这两种协议。

5.1.1 以太网第二版（V2）

以太网第二版（V2）是早期的版本，由 DEC、Intel 和 Xerox 联合首创，简称 DIX，标准帧格式如图 5-1 所示。

图 5-1 以太网第二版（V2）标准帧格式

前导信息：采用 1 和 0 的交替模式，在每个数据包起始处提供 5 MHz 的时钟信号，以允许接收设备锁定进入的位流。

目标地址：数据传输的目标 MAC 地址。

源地址：数据传输的源 MAC 地址。

以太网类型：标识了帧中所含信息的上层协议。

数据+填充位：帧所带有的数据信息。

以太网帧的大小是可变的,每个帧包括一个 14 字节的报头和一个 4 字节的帧校验序列域,这两个域增加了 18 字节的帧长度。帧的数据部分可以包括 46~1500 字节的信息(如果传输小于 46 字节的数据,则网络将对数据部分进行填充直到填充位长度为 46 字节)。因此,以太网帧的最小长度为 18+46,即 64 个字节,最大长度为 18+1500 或 1518 个字节)。

FCS：帧校验序列（Frame Check Sequence, FCS）域确保接收到的数据与发送时的数据一样。当源节点发送数据时,它执行一种称为循环冗余校验（Cyclical Redundancy Check, CRC）的算法。CRC 利用帧中前面所有域的值生成一个唯一的 4 字节长的数,即 FCS。当目标节点接收数据帧时,它通过 CRC 破解 FCS,并通过比较确定帧的域与它们原有的形式是否一致,如果这种比较失败,则接收节点（目标节点）认为帧已经在发送过程中被破坏并要求源节点重发该数据。

5.1.2　IEEE 802 系列

IEEE 802 系列包含比较多的内容,但比较常见的是 IEEE 802.2 和 IEEE 802.3 协议。下面我们就比较这两种协议的帧。

1. IEEE 802.3

为什么我要先把 IEEE 802.3 列出来？IEEE 802.3 是在 IEEE 802.2 之前出来的,只是因为它存在问题,所以才出现了 IEEE 802.2 以解决它的问题,可以说 IEEE 802.2 是 IEEE 802.3 的正式标准。图 5-2 是 IEEE 802.3 协议的标准帧格式。

图 5-2　IEEE 802.3 协议的标准帧

大家有没有发现在这个帧格式跟以太网第二版的格式非常像？没错,它们之间改动得比较少,因为 IEEE 802.3 是在以太网 V2 的基础上开发的,为了适应 100 Mb/s 的网络,所以才把 8 字节的前导信息变成了 7 字节,并加入了 1 字节的 SFD 的域。前导信息和 SFD 到底起什么作用呢？我的理解是,前导信息与 SFD 相当于跑步竞赛开始时的那句"预备！跑！",前导信息就是"预备！",SFD 就是"跑！",所以前导信息让接收设备进入状态,SFD 让接收设备开始接收。而这里所谓比特流硬件时钟同步,是指让设备按当前比特流信号频率同步,以得到精确的接收数据的位置,避免接收出错,与 PC 里所谓的时钟概念是一样的。再有就是把类型字段变成了长度字段,这是因为当初这个协议是由 Novell 公司开发的,所以它默认的局域网就是 Novell 网,服务器是 Netware 服务器,运行的是 IPX 的协议,因此将类型换成了长度。后来 IEEE 再据此制定 IEEE 802.3 的协议,结果问题也就出来了。如果上层用的是 IP 协议呢？有问题就会有方法,IEEE 802.2 也就由此出现了。

2．IEEE 802.2

请看如图 5-3 所示的帧格式，可以看到，这种帧的最大区别就在于多了一个 LLC 的域，即逻辑链路控制（Logical Link Control，LLC），该信息用来区别一个网络中的多个客户机。如果 LLC 和数据信息的总长度不足 46 字节，数据域还将包括填充位。长度域并不关心填充位，它仅仅报告逻辑链接控制层信息加上数据信息的长度。逻辑链接控制层信息由三个域组成：目标服务访问点（Destination Service Access Point，DSAP）、源服务访问点（Source Service Access Point，SSAP）和一个控制域，每个域都是 1 字节，LLC 域为 3 字节。一个服务访问点（Service Access Point，SAP）标识了使用 LLC 协议的一个节点或内部进程，网络中源节点和目标节点之间的每个进程都有一个唯一 SAP。控制域标识了必须被建立 LLC 链接的类型：无应答方式（无连接）和完全应答方式（面向连接）。

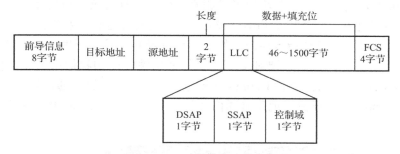

图 5-3　IEEE 802.2 协议的标准帧

对照上面的帧格式，可以看到，有目的地址、源地址、类型，从 IP 开始就属于信息字段了。那么前导和 SFD 呢？当然，这也是用来同步的，对协议分析没有意义，包括 FCS，所以去掉了。

5.2　以太网串口服务器的发展

目前计算机的以太网口已经在大量使用了，一般每台计算机都至少有一个以太网口。在工业通信领域，以太网口已经开始逐步挤占传统的 RS-232/RS-485、CAN、USB 等通信接口的市场。以太网口将是未来重要的 PC 工业通信接口之一，用于实现工业通信以及存储、编程等。在以太网技术逐步普及于工业通信的今天，本节将回顾以太网串口服务器的发展过程。

先回顾我国以太网串口服务器的开发成就，我们不得不提到武汉的力源公司、台湾的MOXA 公司、研华公司和 ATOP 公司。武汉的力源公司在 2000 年就开发出了一种 PS2000的网络芯片，可以让单片机系统接入以太网。台湾的 MOXA 公司是第一个大力进行商业化推广以太网串口服务器产品的厂家。研华公司也是重点在工业通信领域开拓以太网串口通信产品的厂家，其产品外形已经成为今天广泛模仿的对象。ATOP 公司的 GW21 型以太网串口服务器成为竞相学习的对象。国内还有更多的在以太网串口通信产品领域开拓过的厂家，它们要么已经转战其他领域，或者重点已经转移，要么还在继续深化技术或产业化。波仕电子就是一家在以太网串口通信领域不断创新、开拓的厂家。

本节将以波仕电子的产品为代表介绍两代以太网串口服务器的发展，并对以太网虚拟的串口与传统串口的差别进行了评论。

今天的以太网串口服务器产品已经百花齐放，但是存在两个严重的问题：第一是严重的同质化，从外形就可以看出；第二是缺少芯片级的核心技术，这与国内的集成电路技术水平有关。令人欣慰的是，由于以太网串口通信产品主要用于工业通信领域，而工业通信和工业测量控制领域都是我国的传统强项，始终占据着绝大部分的市场。

5.2.1　第一代产品：10 Mb/s 以太网串口服务器

第一代以太网工业通信产品是以 10 Mb/s 以太网串口服务器为典型的。波仕电子是国内较早从事以太网串口服务器的开发厂家。型号为 ETH232 的以太网串口转换器（其内部电路板如图 5-4 所示）可用于将一个以太网口转换成为一个 RS-232/RS-485/RS-422 三合一串口。以太网串口服务器是实现以太网与串口设备相互通信的一种协议转换装置（以太网协议-串行通信协议）。在通信主机（以太网）和串口设备之间，无论是通信主机发送信息至指定的串口设备或者串口设备发送信息至指定通信主机，都可以经其轻易且正确传输。ETH232 是专门为工业通信设计制造的，特别强调对工业通信的适用性。比如我们用工业通信开发常用的 Visual Basic 和 Visual C++语言的 Mscomm.ocx 通信控件编程后进行通信检测。ETH232 可以在各种版本的 Windows 下很流畅地正确通信并且对 RTS/CTS、DTR/DSR 握手信号进行控制与监测。

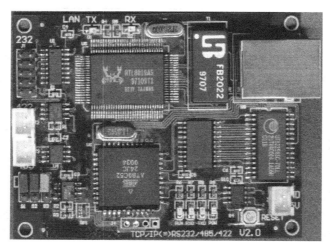

图 5-4　ETH232 的内部电路板

ETH232 产品具有以下基本性能特点：10 Mb/s 以太网，外接 6～9 V 电源，带 RS-232/RS-485/RS-422；产品可以虚拟串口并自由配置串口号当成新的 COM 口，在 Windows 下可以修改 COM 口的串口号，只需修改串口号即可，无须重新编写程序。

5.2.2　第二代产品：光电隔离 100 Mb/s 以太网串口服务器

第二代以太网串口服务器把以太网的速率从 10 Mb/s 提高到了 100 Mb/s，并且向下兼容 10 Mb/s 的以太网，而且实现了串口的光电隔离。ETH232GH 光电隔离微型以太网串口服务器（也称为以太网/串口转换器）如图 5-5 所示，具有超小型的外形（80 mm×23 mm×47 mm），RS-232、RS-485、RS-422 通用，可以虚拟成为本地 COM 口（COM1～COM256），无须修改已有的串口通信软件。ETH232GH 实现了以太网与串口的 2500 V 光电隔离。

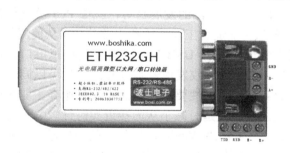

图 5-5　ETH232GH 光电隔离微型以太网串口服务器

产品通过以太网线外插到计算机或者以太网的 HUB。在串口插座旁边有一个 LED（发光二极管），当产品接通电源后 LED 会一直亮着。产品的 RS-232/485/422 串口端是一个 DB-9 针座，具有 RS-232、RS-485、RS-422 全部引脚（见表 5-1），并且配有接线端子。

表 5-1　DB-9 针端的引脚分配如下（配有接线端子）

	1	2	3	5	6	8	9
RS-232		RXD	TXD	GND			
RS-485	A			GND			B
RS-422	T+			GND	R+	R—	T—

ETH232GH 的 RS-232 口只有 RXD、TXD、GND 信号。由于产品采用了零延时自动收发转换技术，所以本产品的 RS-485 和 RS-422 也是不需要握手信号的。

5.2.3　对以太网虚拟串口的评论

ETH232 和 ETH232GH 型以太网串口服务器可以通过设置虚拟串口软件，将已经正确设置 IP 地址的以太网串口服务器的 IP 地址虚拟成一个计算机的串口 COM，这就是以太网串口服务器生成的虚拟串口。

有人在使用以太网串口服务器时发现某些以前在传统 RS-232（或 RS-485）上运行正常的软件却无法使用，因而就说虚拟串口不是真正的串口。这里所谓的"传统 RS-232"是指从 PC 的主板或者总线（如台式机的 PCI 总线或者 ISA 总线、笔记本的 PCMCIA 总线）扩展出来的 RS-232。这些扩展出来的 RS-232 则像 PC 主板上的 RS-232 一样分配有自己固定的物理 I/O 地址，虽然地址不一样但是位于同一个地址段，Windows 操作系统已经为这个地址段分配有最多 256 个地址，对应 256 个串口。而 PC 的以太网的物理 I/O 地址与 PC 上的"传统 RS-232"的物理 I/O 地址完全不同，甚至地址段都不同。如果串口通信软件内有对 COM 的直接 I/O 读写语句，那么肯定无法在以太网串口服务器的串口上运行。这就是某些通信软件在"传统 RS-232"可以运行而在以太网串口服务器的虚拟 RS-232 上不能够运行的原因。幸运的是，现在 Windows 下的串口通信软件已经几乎没有了对物理地址的 I/O 操作指令，而是使用 API 函数或者通信控件。使用 API 函数或者通信控件的通信程序完全适合于虚拟串口。另外还有一个原因就是，对 RTS/CTS、DTR/DSR 这些握手信号的操作，由于以太网串口服务器对这些握手信号的虚拟读写过程的初始化往往比较耗时，所以容易导致握手信号读写失败。

尽管如此，我们仍然认为用以太网串口服务器以及 USB-串口转换器的虚拟串口代替传统的 RS-232、RS-485、RS-422 是必然的发展趋势，就像 PCI 总线代替 ISA 总线、Windows 代替 DOS 一样，即使后者都更加适合工业通信和工业测控。从使用的情况来看，以太网串口服务器的虚拟串口的通用性远远强于 USB-串口转换器的虚拟串口，这是因为以太网的信号线是全双工的，也就是说，以太网的收发信号是分开的并且可以同时收发。Windows 从来不优先考虑工业通信和工业测控的实时性要求，反而越来越抛弃工业通信和工业测控。只是通过 CPU、总线等硬件速度的改进使延时减小从而接近实时性。由于通过 Windows API 函数操作代替对物理地址的 I/O 读写是解决 Windows 可靠性的一条基本原则，所以用户越来越远离 Windows 内核的操作。通信控件其实就是一些通信 API 函数的封装组合。事实上，从 Windows XP 开始就没有了直接对 I/O 读写的指令。Windows XP 下的直接对 I/O 读写也是通过动态链接库的调用来实现的，不过更加复杂。另外，减少以太网虚拟串口对 RTS/CTS、DTR/DSR 这些握手信号的虚拟操作的延时也是一个技术难点，这主要是由以太网串口服务器内部 UART 的信号初始化处理延时导致的。避免频繁使用，最好不要使用这些握手信号是较好的解决方法。波仕电子产品的 RS-485 接口均使用了零延时自动收发转换技术，这就保证在转换过程中不需要任何握手信号来控制收发的切换。

5.3　以太网串口服务器的使用

在很多应用场合，如果想让串行通信设备连接到以太网中，就必须使用以太网串口服务器。以太网串口服务器是实现以太网与 RS-232/RS-485/RS-422 串口设备相互通信的一种协议转换装置（TCP/IP 协议-串行通信协议）。ETH232GH 提供一个光电隔离的 RS-232、RS-485、RS-422，一个 100 Mb/s、10 Mb/s 以太网口等。

首先确保作为服务器的计算机以太网口的 IP 地址在 192.168.0.1，只能是最后一位有所不同，范围在 0~256 之间。否则要么修改计算机的 IP 地址，要么修改以太网串口服务器的 IP 地址。

如图 5-6 所示，将 ETH232GH 以太网串口服务器接上电源，将 RJ-45 插头通过网线接入以太网交换机的 RJ-45 插座即可。交叉线 RJ-45 电缆与直连线 RJ-45 电缆都可以，交换机都能识别。两个 RS-485 之间是 A 接 A、B 接 B。硬件连接就是这么简单。

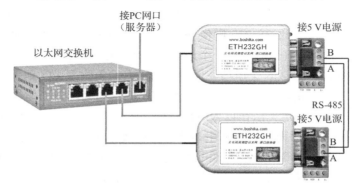

图 5-6　硬件连接

由于 ETH232GH 在出厂时将本地 IP 地址设置为 192.168.0.7，见图 5-7，所以不能直接将两个 ETH232GH 同时接到 HUB 上。

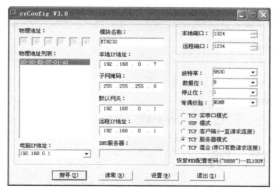

图 5-7　一个 ETH232GH 的本地 IP 地址为 192.168.0.7

先取下其中一个 ETH232GH，运行本书配套开发资料包中的 CRConfigv30.exe。单击"搜寻"按钮，出现了以太网串口服务器设置界面，修改"本地 IP 地址"，比如 192.168.0.9，以免与另外一个 ETH232GH 的本地 IP 地址冲突，如图 5-8 所示。

图 5-8　修改 ETH232GH 的本地 IP 地址为 192.168.0.9

将两个 ETH232GH 都插到以太网 HUB 上，再运行 CRConfig.exe。单击"搜寻"按钮，此时会发现有两个 IP 地址（如图 5-9 所示），它们表示有两个以太网串口服务器产品，这时 IP 地址就不冲突了。

图 5-9　有两个 ETH232GH 的物理地址列表

刚才是设置软件，现在运行测试软件 ELTestv30.exe。注意修改 IP 地址对应两个不同的以太网串口服务器。用户可以在发送框里填写要发送的数据，如图 5-10 和图 5-11 所示。

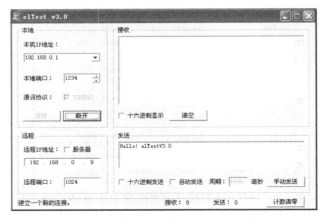

图 5-10　发送"Hello!　elTestV3.0"

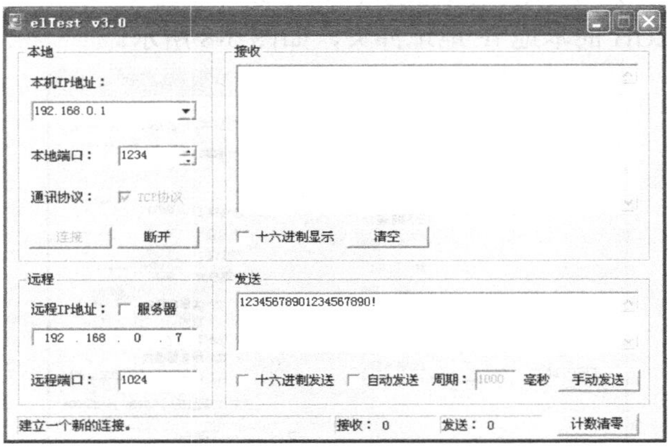

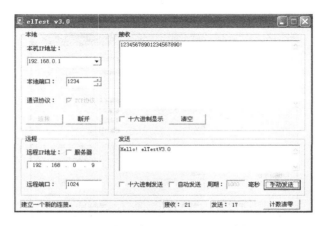

图 5-11　发送"12345678901234567890！"

单击"连接"按钮，再单击"手动发送"按钮，就可以在两个 RS-232 之间传输数据了，如图 5-12 所示。

图 5-12　在两个 RS-232 之间传输数据

运行本书配套开发资料源包中"\第五章以太网串口服务器\虚拟串行口软件"目录下的虚拟串口软件 Com-Red.exe，将出现如图 5-13 所示的界面。填写 COM 串口号、IP 地址（如192.168.0.7）和本地串口号（如 1024），单击"Activate"按钮后生效。设置好后不要关闭程序，而是将其最小化。在显示界面，用鼠标右键单击桌面右下角该程序图标，再单击"Open"。"Connector"中的 COM 端口由用户选择，但不要与计算机已经有的 COM 串口号重复，如果将"Create Virtual COM port"打勾，则会在计算机的"设备管理器"中查看到这个 COM 串口号。

图 5-13　虚拟串口设置界面

如果 ETH232GH 的 Config 设置为"TCP 客户端（一直请求连接）"，那么"远程 IP 地址"必须填写计算机的以太网卡的 IP 地址。此时在 Com-Red 界面中选中"PC act as TCP Server"，在"Remote Host IP Address"中填写计算机的网卡的 IP 地址，在"Remote Port"中填写ETH232GH 的远程端口（如 1024）。

通过 Com-Red.exe 设置后的产品可以在计算机上看成一个串口。在 Windows 下可以使用串口调试助手等各种串口通信程序。单击"Deactive"按钮可以使虚拟串口失效。

现在就可以用通用的串口通信程序来进行通信了。我们可以用 4.3 节介绍的串行通信 VB程序进行通信，打开两个串行通信程序界面，选择刚才设置的两个虚拟串口号，分别单击"打开串口"按钮，填写要发送的数据，再分别单击"发送"按钮，会看到在另外一个串行通信程序界面的接收框显示数据，这说明通信成功了。

5.4　以太网串口服务器的设计

图 5-14 所示为 ETH232 的 PCB 设计图，也就是 5.2.1 节的 ETH232 产品所用的电路板，PCB 设计图（见图 5-15）在本书配套资料包中。图 5-14 中左侧有 RS-232、RS-485、RS-422，还有用于选择 RS-232/RS-485/RS-422 的跳线；图中右侧有以太网 RJ-45 和外接电源的插座。这个 PCB 为双面电路板，但集成电路芯片都置于正面。

整个电路围绕单片机 P87C52UBAA（兼容 MCS-51 系列）来设计，从地址总线 A8～A12接以太网的接口芯片 RTL8019 扩展出一个 10 Mb/s 的以太网，外部存储器 UT62256 用来保存单片机的程序。ETH232 的电路布线图 SCH 文件也在本书配套资料包中。

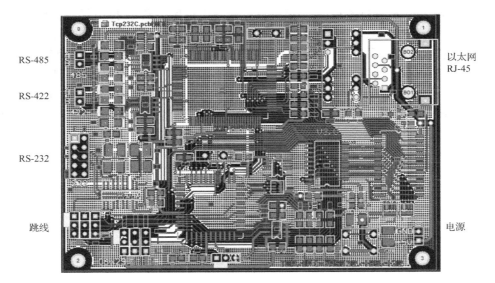

图 5-14　ETH232 的 PCB 设计图

　　外接串行寄存器 93C46 用来存储数据，RS-232 使用了一片 MAX232 芯片，RS-485 使用了一片 MAX485 芯片。注意 RS-485 也可用于 RS-422 的接收，此时可通过跳线选择将 DE 置 0；RS-422 的发送使用了另外一片 MAX485，不过 DE 置 1。

5.5　PC 设置和检测软件的参数配置操作

　　ETH232 配有监测程序 Monitor.exe，用于监测或修改 ETH232 的以太网 IP 地址、设置 ETH232 的串口速率，并具有通信演示功能。本书的开发资料包中有本程序的 VC++6.0 源代码。用户可以直接使用 Monitor.exe 进行串口通信，把以太网中的 ETH232 当成串口来通信，也可以将 Monitor.exe 的源代码嵌入用户的应用程序中。注意：在每次修改设定后，ETH232 会自动按照设定的参数工作，无须重启。

　　所有的 ETH232 在出厂时都被分配了一个固定的 MAC 地址和一个临时的 IP 地址，用户在使用时，需要根据网络情况设置 IP 地址；另外，还需要对串口参数进行配置，还可以设置操作本设备的密码等。在配置设备之前，要先规划好整个网络的架构布局，按照网络规模设定子网，然后按照下面的步骤对每个 ETH232 进行配置。

5.5.1　分配 IP 地址

　　当有多个 ETH232 连接到一个局域网时，需要给每个 ETH232 规划并分配 IP 地址，以及进行其他配置。ETH232 最初设置的默认 IP 地址为 192.168.0.126，如果所在局域网网段不是 192.168.0.xxx，请将计算机的网络 IP 地址先改为 192.168.0.xxx（记住计算机原来的 IP 地址），再用 Moniter.exe 将 ETH232 的 IP 地址设置为计算机原来的局域网网段。ETH232 的以太网为 TCP 连接端口（TCP Connection Port），端口号固定为 4660。

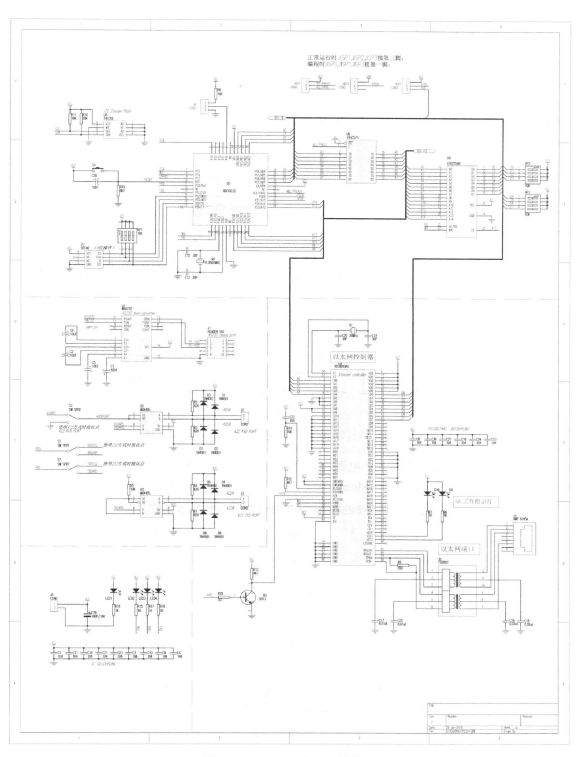

图 5-15　ETH232 的 PCB 设计图

5.5.2　配置设备参数

按照下面的步骤配置设备。

（1）设备连入网络。

一对一连接：通过一根交叉双绞线，一端接入 PC，另一端接入以太网串口服务器的 LAN 口，使设备与 PC 相连，如图 5-16 所示。

图 5-16　PC 接一台以太网串口服务器

一对多连接：将设备分别用对等双绞线通过集线器（HUB）连入局域网，如图 5-17 所示。

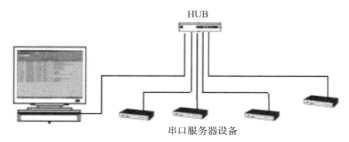

图 5-17　PC 通过以太网 HUB 接多台以太网串口服务器

（2）接上电源。配套外接 9 V 电源，在产品内部稳压到 5 V 的工作电压。

（3）双击 Monitor.exe，打开 Monitor 程序，程序主窗口如图 5-18 所示。

图 5-18　Monitor 程序主窗口

捕获设备：查询网络中的所有的以太网串口服务器设备。

配置设备：对选定设备进行参数配置。

设置复位：重新启动指定设备。

期望设备数：对查询请求做出响应的期望设备数。

捕获设备数：对查询请求做出响应的设备数。

重试次数：Monitor 程序发出查询请求的重试次数。

（4）单击"捕获设备"按钮，网络上的所有的以太网串口服务器信息会显示在设备状态区域。

（5）单击选中欲配置设备的 IP 地址，选中该设备，单击"配置设备"按钮，弹出密码验证（设备出厂时密码为 0000，直接单击"确定"按钮完成密码验证），如图 5-19 所示。

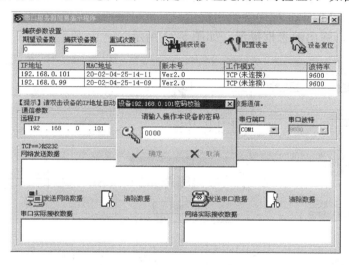

图 5-19　密码验证

密码验证正确后，弹出如图 5-20 所示的对话框，对话框中包含对 RS-232、RS-485、RS-422 的波特率及 IP 地址、密码设置等。

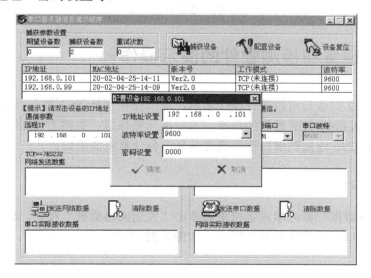

图 5-20　IP 地址和波特率参数设置

单击"确定"按钮保存配置或者单击"取消"按钮取消配置。

系统提供的串行通信采用 8 位数据、1 位停止位、无奇偶校验模式，波特率从 600 b/s 到 115200 b/s 可选，默认波特率为 9600 b/s，建议将波特率设在 2400 b/s 以上。

（6）重复步骤（5），配置其他 ETH232 设备。

（7）单击"捕获设备"按钮，确定所有设备都配置正确（注：为了设备安全，密码设置立即生效）。

（8）如果不想进行演示操作，可退出 Mointor 工具程序。

注意：由于所有的 ETH232 的初始 IP 地址均为 192.168.0.126，如果将多台 ETH232 同时接入局域网内，可能会造成 IP 地址冲突，建议将 ETH232 单独接入局域网，并设置不同的 IP 地址。如果有冲突，Monitor 程序会给出提示。

在设置完成后，弹出消息框提示，如图 5-21 所示。

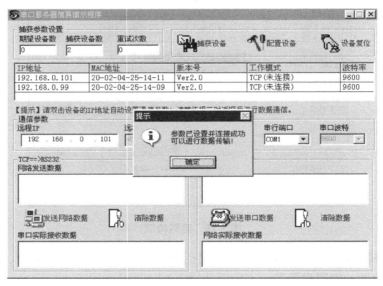

图 5-21　参数设置完成

5.6　PC 设置和检测软件的演示操作

在设置 ETH232 完成后可以进行操作演示，演示操作包括 TCP 数据到 RS-232 数据的转换，以及 RS-232 数据到 TCP 数据的转换。进行演示操作前，先将 ETH232 接入计算机的局域网中，再将 ETH232 连接到串口设备或者另外一台计算机的串口。

5.6.1　TCP→RS-232

在"网络发送数据"框内填入字符串后单击"发送网络数据"按钮，转换后串口会接收数据并显示在"串口实际接收数据"框中，如图 5-22 所示。

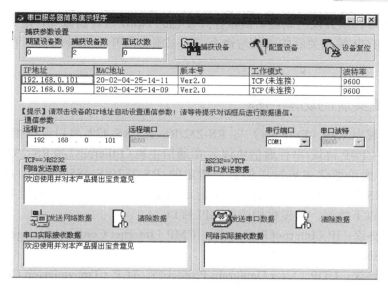

图 5-22　网络发送、串口接收

5.6.2　RS-232→TCP

在"串口发送数据"框内填入字符串后单击"发送串口数据"按钮，转换后网络会接收数据并显示在"网络实际接收数据"框中，如图 5-23 所示。

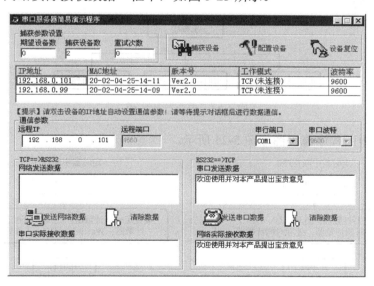

图 5-23　串口发送、网络接收

5.7　内部单片机的软件开发设计

ETH232 不仅是以太网与串口设备之间的协议转换服务器（以太网串口服务器），更重要的是它还提供了可二次开发的功能。该软件开发包的 ASM 语言函数库，定义了一系列与 I/O 驱动器、UDP、TCP 等相关联的函数与命令。本书附带的开发资料包里有单片机的 ASM 汇编语言源代码。

5.7.1　软件要实现的功能目标

本软件是实现以太网（Ethernet）与 RS-232/RS-485/RS-422 串口设备相互通信的一种协议转换工具包（TCP/IP 协议-串行通信协议）。在通信主机（Ethernet）和 RS-232/RS-485/RS-422 串口设备之间，无论通信主机发送信息至指定的 RS-232/RS-485/RS-422 串口设备，还是 RS-232/RS-485/RS-422 串口设备发送信息至指定的通信主机，都可以经其轻易且正确地传输。

本软件实现以下协议，并提供相应的 API 接口。

（1）网络层协议：IP（Internet Protocol）、ICMP（Internet Control Message Protocol）、ARP（Address Resolution Protocol）。

（2）传输层协议：UDP（User Datagram Protocol）、TCP（Transmission Control Protocol）。

（3）应用层协议：DHCP（Dynamic Host Configuration Protocol）。

（4）物理层协议：10Base-T Ethernet 标准的局域网操作，符合 IEEE 802.3 标准；UART 标准异步串行通信 RS-232/RS-485/RS-422。

5.7.2　软件流程图

（1）程序总体架构如图 5-24 所示。

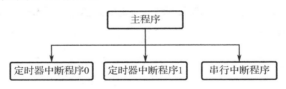

图 5-24　程序总体架构

（2）定时器中断程序流程图如图 5-25 所示。

图 5-25　定时器中断服务流程图

（3）串行中断程序流程图如图 5-26 所示。

（4）主程序流程图如图 5-27 所示。

（5）TCP 连接状态机框图如图 5-28 所示。

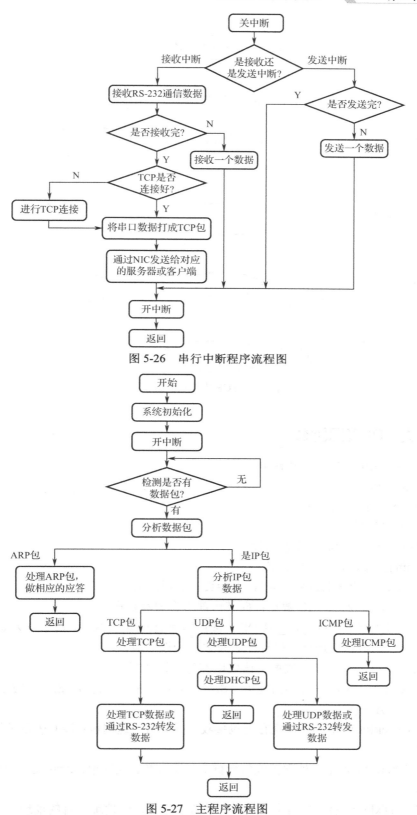

图 5-26　串行中断程序流程图

图 5-27　主程序流程图

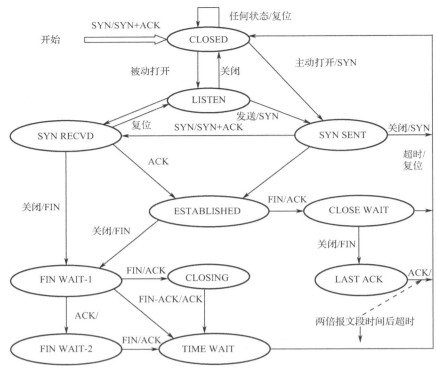

图 5-28   TCP 连接状态机框图

5.7.3   各类 API 接口函数

（1）Timer0_ISR()：定时器中断 0。

（2）Timer1_ISR()：定时器中断 1。

（3）Uart_ISR()：串行中断。

（4）TCP/IP 初始化。

● TCPIPInit()：无参数，无返回值。

● ARPInit()：无参数，无返回值。

● NICInit()：初始化 RTL8019AS，无参数，无返回值。

（5）NICWrite()：通过 NIC 数据口向其内部寄存器写数据。

参数：A—写入字节；NIC_IO_ADDR—寄存器地址（SA4~SA0，高 3 位为 0；SA5~SA7 硬件上已经接地），数据口地址与硬件配置有关。无返回值。

（6）NICRead()：通过 NIC 数据口读取内部寄存器数据

参数：NIC_IO_ADDR—寄存器地址（SA4~SA0，高 3 位为 0；SA5~SA7 硬件上已经接地）。返回值：A—读出字节。

（7）NICCheckRxFrame()：检查有无包接收。无参数。返回值：Z=0 表示无接收包，Z=1 表示有接收包。

（8）NICProcRxFrame()：处理接收包数据头。无参数。返回值：Z=0 表示无接收包，Z=1 表示有接收包。

（9）NICInitTxFrame()：初始化发送帧；设置发送页、源地址、目的地址。参数：A—发送缓冲区首页地址。无返回值。

（10）NICSendTxFrame()：发送 IP 数据包。参数：{IP_LENGTH_MSB,IP_LENGTH_LSB}——发送数据长度。无返回值。

（11）NICBufCopy()：复制接收缓冲区内容到发送缓冲区，用于 ICMP 应答。参数：{NIC_COPY_SRC_MSB,NIC_COPY_SRC_LSB}——Source Address in NIC's SRAM；{NIC_COPY_DEST_MSB,NIC_COPY_DEST_LSB}——Destination Address in NIC's SRAM；{NIC_COPY_LEN_MSB,NIC_COPY_LEN_LSB}——Length of Buffer to Copy。无返回值。

（12）NICBufRead()：读缓冲区一个指定字节。参数：{NIC_COPY_SRC_MSB,NIC_COPY_SRC_LSB}——Source Address in NIC's SRAM。返回值：A。

（13）NICBufWrite()：写缓冲区一个指定位置。参数：{NIC_COPY_SRC_MSB,NIC_COPY_SRC_LSB}——Source Address in NIC's SRAM；A——写入字节。无返回值。

（14）ARPCheckIfIs()：检查接收包是否为 ARP 包，并做处理。无参数，无返回值。

（15）ARPCompCacheIP()：检查 ARP 相应的源 IP 是否等于请求的 IP。无参数，无返回值。

（16）ARPCheckCache()：发送目的 IP 是否在 ARP 缓存中。无参数，无返回值。

（17）ICMPProcPktIn()：应答 ICMP 包。无参数，无返回值。

（18）CheckIPDatagram()：接收包是否 IP 数据报。无参数，无返回值。

（19）TCPCheckSumInit()：初始化校验和及计算标志。无参数，无返回值。

（20）TCPCheckSumAcc()：计算校验和。参数：A——写入字节。返回值：IP_CHECK_SUM_MSB 和 IP_CHECK_SUM_LSB。

（21）IPStartPktOut()：IP 发送包打包。无参数，无返回值。

（22）IPGenCheckSum：IP 头校验和。无参数，无返回值。

（23）UDPProcPktIn：处理 UDP 接收包头。无参数，无返回值。

（24）UDPAppProcPktIn：根据用户定义协议处理 UDP 接收包有用数据。无参数，无返回值。

（25）UDPStartPktOut：封装 UDP 协议头。无参数，无返回值。

（26）UDPEndPktOut：在做 UDP 应答时直接发送 UDP 包（应为已经知道目的物理地址）。无参数，无返回值。

（27）TCPProcPktIn()：处理 TCP 接收包。无参数，无返回值。

（28）TCPCheckSocket()：处理 TCP 包数据头。无参数，无返回值。

（29）TCPCreateSocketIP()：建立套接字 IP，将远程 IP 复制到套接字 IP。无参数，无返回值。

（30）TCPCreateSockPort()：建立套接字远程端口。无参数，无返回值。

（31）TCPAckUpdate()：修改发送 TCP 包的次序号和应答号。无参数，无返回值。

（32）TCPCopyAck2UnAck()：应答是希望收到的下一个包在发送方的数据次序。无参数，无返回值。

（33）TCPCopyTmpSeq2Ack()：RCV.ACK 为 SND.SEQ。无参数，无返回值。

（34）TCPGenRandomSndSeq()：产生随机的发送次序号，不能全为 0，可以用来作为 ISN。无参数，无返回值。

（35）TCPChkSumPseudoHdr()：计算 TCP 伪头部校验和。无参数，返回值为 ipCheckSumMSB 和 ipCheckSumLSB。

（36）TCPAppActiveOpen()：TCP 主动打开。无参数，无返回值。

（37）TCPAppPassiveOpen()：TCP 被动打开。无参数，无返回值。

（38）TCPTransmit()：TCP 发送数据。无参数，无返回值。

5.7.4　内部单片机的程序代码

以太网串口服务器的内部单片机主要用于处理 RS-232/RS-485 和 TCP/IP 协议之间的转换，整个程序用汇编语言写成，大约有 5100 行。本书的配套开发资料包里有源代码，这里只列出开头的 50 行和结尾的 50 行，中间省略了大约 5000 行。

```
;***********************************************************************
;RS-232/RS-485 和 TCP/IP 协议转换程序
;实现 IP/ICMP、TCP(Passive Connection and Active Connection)、UDP、ARP；
;MCU：89C52
;***********************************************************************
;==========================以下为变量定义==========================
;---------------------------- 内部变量 ----------------------------
;
;网络硬件部分使用变量
;========================================================================
;注：R0～R7 在工作区 0
;========================================================================
NIC_COPY_SRC_MSB        EQU R2      ;以下用于应答 ICMP
NIC_COPY_SRC_LSB        EQU R3
NIC_COPY_DEST_MSB       EQU R4
NIC_COPY_DEST_LSB       EQU R5
NIC_COPY_LEN_MSB        EQU R6
NIC_COPY_LEN_LSB        EQU R7
NIC_IO_ADDR             EQU 08H
NIC_CURR_PKT_PTR        EQU 09H
NIC_NEXT_PKT_PTR        EQU 0AH

;串口通信实现使用变量
;========================================================================
UART_STATUS             EQU     0BH
UART_TX_DATA_LEN_MSB    EQU     0CH
UART_TX_DATA_LEN_LSB    EQU     0DH
UART_RX_DATA_LEN_MSB    EQU     0EH
UART_RX_DATA_LEN_LSB    EQU     0FH
UART_TEMP_LEN_MSB       EQU     10H
UART_TEMP_LEN_LSB       EQU     11H     ;发送临时变量，用于记录转为 TCP 数据的个数
UART_RX_BUF_PTR_MSB     EQU     12H     ;串口接收缓冲区指针，用来给 DPH、DPL 赋值
UART_RX_BUF_PTR_LSB     EQU     13H
UART_TX_BUF_PTR_MSB     EQU     14H     ;串口发送缓冲区指针，用来给 DPH、DPL 赋值
UART_TX_BUF_PTR_LSB     EQU     15H
UART_TIME_OUT           EQU     16H
;
```

```
;TCP 通信实现使用变量（接收和发送）
;========================================================================
TCP_STATE1          EQU 17H
TCP_STATE2          EQU 18H
TCP_TMP_SEQ4        EQU 19H
TCP_TMP_SEQ3        EQU 1AH
;========================================================================
```

这里省略大约 5000 行代码，详见本书的配套开发资料包

```
;========================================================================
PSWSET_DATA_TAB:              ;26 字节
DB 'P','l','e','a','s','e',20H,'i','n','p','u','t',20H,'n','e','w',20H,'p'
DB 'a','s','s','w','o','r','d',':'
REMOTE_IP_TAB:                ;25 字节
DB 0DH,0AH,'P','l','e','a','s','e',20H,'i','n','p','u','t',20H,'r','e','m','o','t'
DB 'e',20H,'I','P',':'
REMOTE_PORT_TAB:              ;38 字节
DB 0DH,0AH,'P','l','e','a','s','e',20H,'i','n','p','u','t',20H,'r','e','m','o','t'
DB 'e',20H,'p','o','r','t','(','1','0','0','0','~','9','9','9','9',')',':'
IPSET_DATA_TAB:               ;20 字节
DB 'P','l','e','a','s','e',20H,'i','n','p','u','t',20H,'n','e','w',20H,'I','P',':'
ERROR_DATA_TAB:
DB 0DH,0AH,'I','n','p','u','t',20H,'e','r','r','o','r','!',20H,'T','r','y',20H,'a'
DB 'g','a','i','n','?','(','Y','/','N',')'
UDP_DATA_TAB:
DB 'C','u','r','r','e','n','t',20H,'m','o','d','e',':',20H,'U','D','P','.',20H,'r'
DB 'e','m','o','t','e',20H,'I','P',20H,'a','n','d',20H,'p','o','r','t',':',20H,20H
TCP_DATA_TAB:
DB 'C','u','r','r','e','n','t',20H,'m','o','d','e',':',20H,'T','C','P','.',20H,'s'
DB 'o','u','r','c','e',20H,'I','P',20H,'a','n','d',20H,'p','o','r','t',':',20H,20H
NOTE_DATA_TAB:
DB 0DH,0AH,'W','h','e','n',20H,'c','h','o','o','s','e',20H,'U','D','P',20H,'m','o','d','e'
DB ',',20H,'y','o','u',20H,'n','e','e','d',20H,'t','o',20H,'s','e','t',20H,'b','o'
DB 't','h',20H,'r','e','m','o','t','e',20H,'p','o','r','t',20H,'a','n','d',20H,20H
DB 0DH,0AH,'I','P','.',20H,'T','r','y',20H,'a','g','a','i','n','?','(','Y','/','N'
DB ')'
CONN_ST_TAB1:
DB 0DH,0AH,'C','o','n','n','e','c','t',20H,'s','t','a','t','e',':',20H,20H,'c','o'
DB 'n','n','e','c','t','e','d',20H,'o','k'
CONN_ST_TAB2:
DB 0DH,0AH,'C','o','n','n','e','c','t',20H,'s','t','a','t','e',':',20H,'n','o','t'
DB 20H,'c','o','n','n','e','c','t','e','d'
INIT_CONFIG_TAB:
DB
0C0H,0A8H,00H,7EH,30H,30H,30H,30H,04H,20,0,20H,02H,07H,08H,15H,08H,0,0,0,0,0,0,0,0,0,0,4,6,6,0
;********************************************************************************
END
```

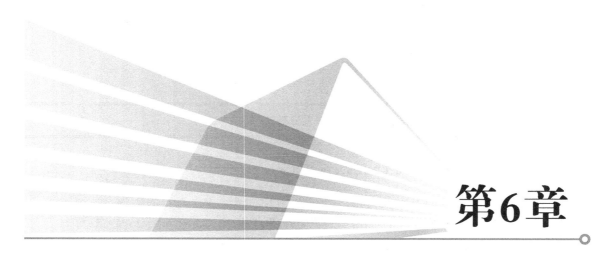

第6章

Modbus 串行通信技术

6.1 Modbus 调试精灵软件

  Modbus 调试精灵（其界面见图 6-1）是一个 Windows 下常用的 Modbus 调试软件，利用计算机软件对 Modbus 设备通信状态进行检查，可检查设备是不是可以正常连接，查看设备在接收计算机端口发出命令时能不能及时做出反应。其提供的测试方案比较简单，串口数据的设置也比较容易，可进行十进制以及十六进制的数据传输和接收，从而可以自定义不同设备的串口测试方案。Modbus 调试精灵可以调试符合 Modbus 协议的所有设备，现在功能只涉及 03、06、16 等几条常用的命令，但用好这几条命令可以满足现场的调试需求了。软件非常小，只有 160 KB，但功能强大，是现场工程调试人员的必备软件，它是一个不依赖于控件的绿色软件，在 Modbus 调试方面应用的广泛性相当于串行通信方面的串口调试助手 ScommAssistant。

  首先在软件界面的"通讯参数设置"栏选择 Modbus 设备所连接的计算机 COM 串口号，通信格式默认为（9600,N,8,1），也可以自己设置其他格式；然后在"Modbus 协议参数设置"栏选择设备的地址，默认为 1。对 Modbus 设备的读写操作位于软件界面的右侧。右上的栏是"写寄存器区"，用户只需填写寄存器地址和数字，均为十进制数。此时单击"写入"按钮即可完成写寄存器的操作，同时软件会自动将十进制数字翻译成 Modbus 格式的十六进制代码并在"发送"框显示，这样用户也可以直观地看到已经成功写入寄存器。软件界面的右下栏是"读寄存器区"，用户只需填写寄存器地址和数字，均为十进制数。此时单击"读出"按钮即可完成写寄存器的读取，单击"读取"按钮的同时，计算机会通过串口自动发送 Modbus 格式的十六进制代码并在此处的"发送"框显示，同时读出的数据会显示在下面的"接收"框中（十六进制），这样用户可以直观地看到已经成功读出的寄存器值。

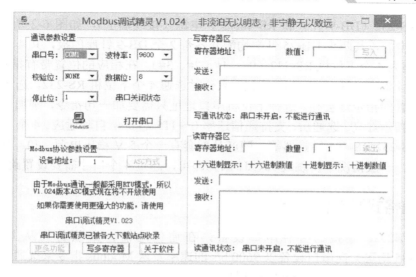

图 6-1　Modbus 调试精灵 V1.024 界面

6.2　将普通串口设备接入 Modbus

在实际工作场合往往有许多 RS-232 串口设备，它们本身不带地址设置功能，或者不符合 Modbus 协议的地址，但要接入 Modbus 总线。本节介绍如何借助于 Modbus-串口转换器实现这个功能。Modbus-4 路串口转换器（型号为 DIZ4232I，也称为地址串口扩展器）可用于为 Modbus 总线（RS-232 或者 RS-485）增加 4 个 RS-232，同时连接 4 个 DIZ4232I 最多增加到 16 个 RS-232。

6.2.1　安装与性能

DIZ4232I（产品外形如图 6-2 所示）的 4 个下位机 RS-232 各自带有地址，由上位机按照 Modbus 协议发送地址指令来分别选通。下位机 RS-232 只有 TXD、RXD、GND 三个信号。DIZ4232I 适用于将本来不带地址的 RS-232 串口设备接入 Modbus 总线。

图 6-2　DIZ4232I 产品外形

DIZ4232I 的外形为 DB-25（针）/DB-25（针）转接盒大小，两端完全一样。产品中间的侧面分别为 RS-232（DB-9 孔）和 RS-485/5 V 电源（接线端子），如图 6-2 所示。DIZ4232I 需要外接 5 V 电源，其两头 DB-25 针端均配套各带 2 个 DB-9 针座的板，共 4 个 DB-9 针座；4 个 DB-9 针座为 4 个下位机 RS-232（0#、1#、2#、3#），在相应的位置带有指示灯。使用之前通过发送地址指令（符合 Modbus 协议）来分时选通 4 个下位机 RS-232，选通某个 RS-232 后板上对应位置的指示灯会亮。选择下位机串口地址只需要加一句指令，刚加电时默认为 0# 口通，同时 0# 指示灯亮。选通后，支持通信速率 0～115.2 kb/s，自动适应。4 个下位机 RS-232 还可以外插 RS-232/RS-485 转换器等，随产品配套有一个 5 V 稳压电源，J0、J1 跳线用来设置本设备地址，一般情况下将跳线 J0、J1 断开即可，超过 4 个口才需要设置跳线。

6.2.2 通信格式及软件使用

对于 DIZ4232I 连接的各种串口设备，在通信之前，必须首先从上位机的串口（RS-232/RS-485 均可）向串口设备以 9600 b/s 的速率发送 Modbus 指令来选通某个下位机。

产品的两个跳线用于设置 Modbus 地址：

● J0 断、J1 断表示本产品的设备地址为 A（十六进制，相当于十进制的 10）；
● J0 通、J1 断表示本产品的设备地址为 B（十六进制，相当于十进制的 11）；
● J0 断、J1 通表示本产品的设备地址为 C（十六进制，相当于十进制的 12）；
● J0 通、J1 通表示本产品的设备地址为 D（十六进制，相当于十进制的 13）。

下面用 Modbus 调试精灵进行设置演示。以图 6-3 为例，这里"设备地址"为 10（相当于十六进制的 A，即 J0 断、J1 断），"寄存器地址"永远填写"0"，"数值"为 1 代表选通 1# 串口。单击"写入"按钮，会发现设备地址为 A 的 1# 串口灯亮。即使关闭本软件，灯也继续亮。除非重新加电或重新写入设置。选通地址之后，通信软件可以适应各种波特率等格式。

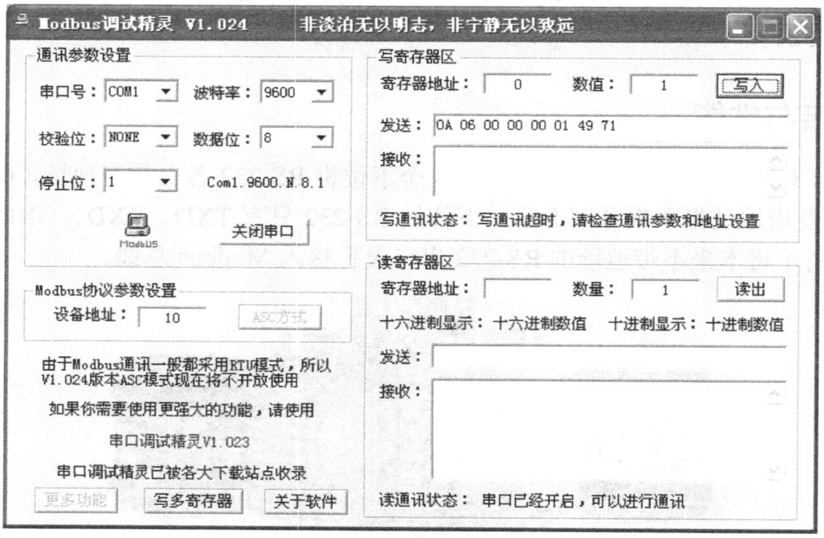

图 6-3　Modbus 调试精灵进行设置演示

将多个无法设置地址的普通 RS-232 设备接入 Modbus 总线时，如果使用一个 DIZ4232I，Modbus 总线可以用 RS-232 或 RS-485；如果使用一个以上 DIZ4232I，Modbus 总线就必须选用 RS-485。

每用一个 DIZ4232I 就可以将 1~4 个 RS-232 接入 Modbus 总线，通过对 DIZ4232I 进行不同的 J0、J1 跳线设置（4 种），可以在同一个 Modbus 总线中最多可以用 4 个 DIZ4232I，总共 16 个 RS-232。这 4 个 DIZ4232I 的上位机侧的 RS-485 并联（所有 A 接一起、所有 B 接一起、所有 GND 接一起）后接入 Modbus 总线。这样上位机就可以通过 RS-485 发送本产品的选地址指令来选通某个 RS-232 后进行通信，只要 4 个 DIZ4232I 的 J0 和 J1 跳线组合选择不同，则每次只选通一个 RS-232 进行通信，而不会产生冲突。DIZ4232I 的多机连接示意图如图 6-4 所示。

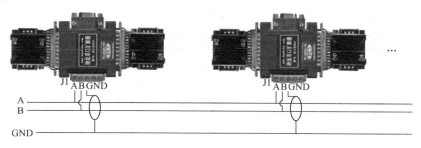

图 6-4　DIZ4232I 的多机连接示意图

6.2.3　PC 的 VB 选地址程序

我们也可以按照 Modbus 指令格式编写程序来选通某个下位机。这里还是以 4.3 节"串行通信的 VB 程序"为基础，添加选取下位机的指令。所有这些添加的指令均位于右下角的"DIZ4232I-MODBUS"框内，共有 16 个选项，分别对应 16 个 Modbus 设备地址。其中 A 表示设备地址为 A，6.2.2 节里已经讲到 J0 断、J1 断表示本产品的设备地址为 A，A0 表示本模块的第 0 号 RS-232 被选中。余下的 A1~D3 以此类推。本书的开发资料包里有该程序的 VB 源代码。程序的运行界面如图 6-5 所示，核心源代码如下所述。注意程序中的发送数据是十进制的。

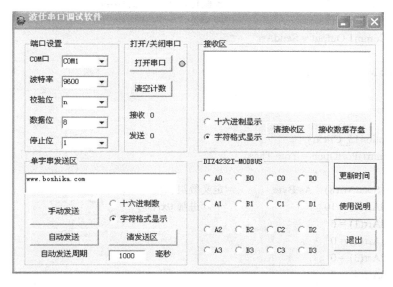

图 6-5　DIZ4232I 的程序运行界面

```
Private Sub Option13_Click()

    If MSComm1.PortOpen = True Then

            Dim SendArr(8)    As Byte           '定义数组长度
            SendArr(0) = 10                     '十六进制 0xA
            SendArr(1) = 6                      '十六进制 0x6
            SendArr(2) = 0                      '十六进制 0x0
            SendArr(3) = 0                      '十六进制 0x0
            SendArr(4) = 0                      '十六进制 0x0
            SendArr(5) = 0                      '十六进制 0x0
            SendArr(6) = 136                    '校验位，十六进制 0x88
            SendArr(7) = 177                    '校验位，十六进制 0xB1
            MSComm1.Output = SendArr           '把数据和校验位一起发送

            Else: MsgBox "请先打开串口"
        End If
End Sub


Private Sub Option14_Click()
    If MSComm1.PortOpen = True Then

            Dim SendArr(8)    As Byte           '定义数组长度
            SendArr(0) = 10                     '十六进制 0xA
            SendArr(1) = 6
            SendArr(2) = 0
            SendArr(3) = 0
            SendArr(4) = 0
            SendArr(5) = 1
            SendArr(6) = 73                     '校验位，十六进制 0x49
            SendArr(7) = 113                    '校验位，十六进制 0x71
            MSComm1.Output = SendArr

            Else: MsgBox "请先打开串口"
        End If
End Sub


Private Sub Option15_Click()
    If MSComm1.PortOpen = True Then

            Dim SendArr(8)    As Byte           '定义数组长度
            SendArr(0) = 10                     '十六进制 0xA
            SendArr(1) = 6
            SendArr(2) = 0
            SendArr(3) = 0
            SendArr(4) = 0
            SendArr(5) = 2
```

```
            SendArr(6) = 9              '校验位，十六进制 0x9
            SendArr(7) = 112           '校验位，十六进制 0x70
            MSComm1.Output = SendArr

            Else: MsgBox "请先打开串口"
        End If
End Sub

Private Sub Option16_Click()
    If MSComm1.PortOpen = True Then

            Dim SendArr(8)    As Byte       '定义数组长度
            SendArr(0) = 10                  '十六进制 0xA
            SendArr(1) = 6
            SendArr(2) = 0
            SendArr(3) = 0
            SendArr(4) = 0
            SendArr(5) = 3
            SendArr(6) = 200                 '校验位，十六进制 0xC8
            SendArr(7) = 176                 '校验位，十六进制 0xB0
            MSComm1.Output = SendArr

            Else: MsgBox "请先打开串口"
        End If
End Sub

Private Sub Option17_Click()
    If MSComm1.PortOpen = True Then

            Dim SendArr(8)    As Byte       '定义数组长度
            SendArr(0) = 11                  '十六进制 0xB
            SendArr(1) = 6
            SendArr(2) = 0
            SendArr(3) = 0
            SendArr(4) = 0
            SendArr(5) = 0
            SendArr(6) = 137                 '校验位，十六进制 0x89
            SendArr(7) = 96                  '校验位，十六进制 0x60
            MSComm1.Output = SendArr

            Else: MsgBox "请先打开串口"
        End If
End Sub

Private Sub Option18_Click()
    If MSComm1.PortOpen = True Then
            Dim SendArr(8)    As Byte       '定义数组长度
            SendArr(0) = 11                  '十六进制 0xB
```

```
        SendArr(1) = 6
        SendArr(2) = 0
        SendArr(3) = 0
        SendArr(4) = 0
        SendArr(5) = 1
        SendArr(6) = 72              '校验位，十六进制 0x48
        SendArr(7) = 160             '校验位，十六进制 0xA0
        MSComm1.Output = SendArr
        Else: MsgBox "请先打开串口"
    End If
End Sub

Private Sub Option19_Click()
    If MSComm1.PortOpen = True Then
        Dim SendArr(8)    As Byte          '定义数组长度
        SendArr(0) = 11                    '十六进制 0xB
        SendArr(1) = 6
        SendArr(2) = 0
        SendArr(3) = 0
        SendArr(4) = 0
        SendArr(5) = 2
        SendArr(6) = 8               '校验位，十六进制 0x8
        SendArr(7) = 161             '校验位，十六进制 0xA1
        MSComm1.Output = SendArr
        Else: MsgBox "请先打开串口"
    End If
End Sub

Private Sub Option2_Click()
    MSComm1.InputMode = comInputModeText
End Sub

Private Sub Option20_Click()
    If MSComm1.PortOpen = True Then
        Dim SendArr(8)    As Byte          '定义数组长度
        SendArr(0) = 11                    '十六进制 0xB
        SendArr(1) = 6
        SendArr(2) = 0
        SendArr(3) = 0
        SendArr(4) = 0
        SendArr(5) = 3
        SendArr(6) = 201             '校验位，十六进制 0xC9
        SendArr(7) = 97              '校验位，十六进制 0x61
        MSComm1.Output = SendArr

        Else: MsgBox "请先打开串口"
    End If
End Sub
```

```
Private Sub Option21_Click()
    If MSComm1.PortOpen = True Then
        Dim SendArr(8)    As Byte            '定义数组长度
        SendArr(0) = 12                      '十六进制 0xC
        SendArr(1) = 6
        SendArr(2) = 0
        SendArr(3) = 0
        SendArr(4) = 0
        SendArr(5) = 0
        SendArr(6) = 136                     '校验位，十六进制 0x88
        SendArr(7) = 215                     '校验位，十六进制 0xD7
        MSComm1.Output = SendArr
        Else: MsgBox "请先打开串口"
    End If
End Sub


Private Sub Option22_Click()
    If MSComm1.PortOpen = True Then
        Dim SendArr(8)    As Byte            '定义数组长度
        SendArr(0) = 12                      '十六进制 0xC
        SendArr(1) = 6
        SendArr(2) = 0
        SendArr(3) = 0
        SendArr(4) = 0
        SendArr(5) = 1
        SendArr(6) = 73                      '校验位，十六进制 0x49
        SendArr(7) = 23                      '校验位，十六进制 0x17
        MSComm1.Output = SendArr
        Else: MsgBox "请先打开串口"
    End If
End Sub


Private Sub Option23_Click()
    If MSComm1.PortOpen = True Then

        Dim SendArr(8)    As Byte            '定义数组长度
        SendArr(0) = 12                      '十六进制 0xC
        SendArr(1) = 6
        SendArr(2) = 0
        SendArr(3) = 0
        SendArr(4) = 0
        SendArr(5) = 2
        SendArr(6) = 9                       '校验位，十六进制 0x9
        SendArr(7) = 22                      '校验位，十六进制 0x16
        MSComm1.Output = SendArr
        Else: MsgBox "请先打开串口"
    End If
```

```
End Sub

Private Sub Option24_Click()
    If MSComm1.PortOpen = True Then

            Dim SendArr(8)    As Byte        '定义数组长度
            SendArr(0) = 12                  '十六进制 0xC
            SendArr(1) = 6
            SendArr(2) = 0
            SendArr(3) = 0
            SendArr(4) = 0
            SendArr(5) = 3
            SendArr(6) = 200                 '校验位，十六进制 0xC8
            SendArr(7) = 214                 '校验位，十六进制 0xD6
            MSComm1.Output = SendArr

            Else: MsgBox "请先打开串口"
        End If
End Sub


Private Sub Option25_Click()
    If MSComm1.PortOpen = True Then

            Dim SendArr(8)    As Byte        '定义数组长度
            SendArr(0) = 13                  '十六进制 0xD
            SendArr(1) = 6
            SendArr(2) = 0
            SendArr(3) = 0
            SendArr(4) = 0
            SendArr(5) = 0
            SendArr(6) = 137                 '校验位，十六进制 0x89
            SendArr(7) = 6                   '校验位，十六进制 0x6
            MSComm1.Output = SendArr
            Else: MsgBox "请先打开串口"
        End If
End Sub


Private Sub Option26_Click()
  If MSComm1.PortOpen = True Then

            Dim SendArr(8)    As Byte        '定义数组长度
            SendArr(0) = 13                  '十六进制 0xD
            SendArr(1) = 6
            SendArr(2) = 0
            SendArr(3) = 0
            SendArr(4) = 0
            SendArr(5) = 1
            SendArr(6) = 72                  '校验位，十六进制 0x48
```

```
                SendArr(7) = 198              '校验位，十六进制 0xC6
            MSComm1.Output = SendArr
                Else: MsgBox "请先打开串口"
        End If
End Sub


Private Sub Option27_Click()
    If MSComm1.PortOpen = True Then

        Dim SendArr(8)    As Byte          '定义数组长度
        SendArr(0) = 13                    '十六进制 0xD
        SendArr(1) = 6
        SendArr(2) = 0
        SendArr(3) = 0
        SendArr(4) = 0
        SendArr(5) = 2
        SendArr(6) = 8                     '校验位，十六进制 0x8
        SendArr(7) = 199                   '校验位，十六进制 0xC7
            MSComm1.Output = SendArr
                Else: MsgBox "请先打开串口"
        End If
End Sub


Private Sub Option28_Click()
    If MSComm1.PortOpen = True Then

        Dim SendArr(8)    As Byte          '定义数组长度
        SendArr(0) = 13                    '十六进制 0xD
        SendArr(1) = 6
        SendArr(2) = 0
        SendArr(3) = 0
        SendArr(4) = 0
        SendArr(5) = 3
        SendArr(6) = 201                   '校验位，十六进制 0xC9
        SendArr(7) = 7                     '校验位，十六进制 0x7
            MSComm1.Output = SendArr

                Else: MsgBox "请先打开串口"
        End If
End Sub
```

6.2.4　模块的硬件设计

DIZ4232I 由单片机 STC12C2052、4 路切换开关 CD4052 以及 RS-232 接口芯片等组成。4 个 LED 用来指示 4 个下位机 RS-232 中的哪一个被选通。单片机随时准备从上位机 RS-232 接收指令，如果指令中包含有效的 Modbus 指令，则单片机通过输出 P1.0 和 P1.1 信号来切换 CD4052 的多路开关。从上位机 RS-232 接收到的信号同时也被送到 CD4052，所以当 CD4052

的某一路被选通后，上位机的 RS-232 信号同时被送到某一路下位机 RS-232，作为下位机的发送信号。图 6-6 中省略了 4 个下位机 RS-232 的 TTL/RS-232 电平转换电路，CD4052 开关同时切换了 RS-232 发送和接收信号。

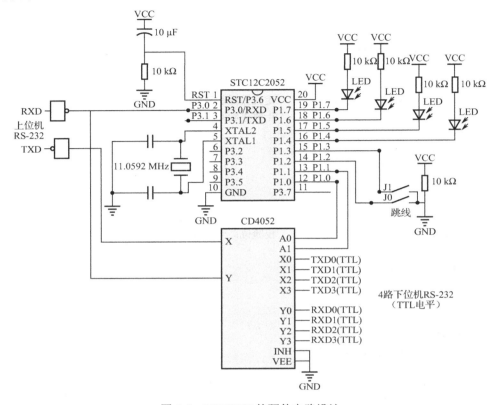

图 6-6　DIZ4232I 的硬件电路设计

6.2.5　模块的内部单片机程序

　　STC12C2052 读取 J0、J1 的跳线设置状态，以判断本模块的地址范围，然后对串口接收到的数据进行处理。本书的开发资料包里有该程序的单片机源代码。以 J0、J1 断开为例，此时本模块的 Modbus 设备地址为十进制 10（相当于十六进制 0xA）。单片机只对写地址为 10 的 Modbus 设备的寄存器 0、1、2、3 这四条指令有反应，然后改变 P1.0 和 P1.1 的状态。比如，接收到写地址为 10 的 Modbus 设备的寄存器 0 的指令，则单片机将置 P1.0=0 和 P1.1=0，这样 CD4052 的 A0=A1=0，所以 0 通道被选通。以此类推，接收到写地址为 10 的 Modbus 设备的寄存器 1 的指令，则单片机将置 P1.0=0 和 P1.1=0，这样 CD4052 的 A0=1、A1=1，所以 1 通道被选通。

　　每一个写寄存器的指令包括 8 个数字，分 8 次接收。单片机每次接收一个数字，都与 Modbus 指令里的该位置的正确数字进行比较，只要出现了一个不同数字就不再处理，直接返回。直到 8 个数字都正确，才去改变 P1.0 和 P1.1 来切换 CD4052，这样可以提高单片机中断处理的效率。

这里以用于设置 Modbus 地址的两个跳线 J0 断、J1 断为例，这时本产品的设备地址为十六进制 0A，相当于十进制的 10。这时单片机会对所接收到的数据进行判断，只有前 5 个数字为"0A　06　00　00　00"的数据才可能符合 Modbus 指令，其他的不处理。如果第 6 个数字为"00"则切换到 CH0，如果为"01"则切换到 CH1，如果为"02"则切换到 CH2，如果为"03"则切换到 CH3。为了简洁起见，以下的单片机部分源程序暂时没有对后面的两位校验码进行处理。实际上，单片机程序会继续比较校验码，一致则切换，不一致则放弃切换。

```
#include <reg52.h>
sbit K1=P1^0;
sbit K2=P1^1;
sbit LED1=P1^4;
sbit LED2=P1^5;
sbit LED3=P1^6;
sbit LED4=P1^7;
unsigned char UART_Flag;
void delay_us(unsigned int n)              //延时函数
{
    if (n == 0)
    {
        return ;
    }
    while (--n);
}
void uart_int()                            //串口初始化
{
    SCON      = 0x50;                      //SCON: 模式1, 8 比特 UART, 使能接收
    TMOD      = 0x20;
    TH1       = 0xFD;
    TR1       = 1;
    ES        = 1;                         //打开串口中断
    EA        =1;
}
main(void)                                 //初始开关状态
{
    uart_int();
    K1=K2=0;                               //默认 CH0 选通
    LED1=0;LED2=LED3=LED4=1;               //LED1 亮，其他 LED 灭
    while(1){}
}
void Serial() interrupt 4                  //串口中断子程序
{
    unsigned char buf;
    RI = 0;
    buf = SBUF;
    switch(UART_Flag)
    {
        case 0:
```

```
                if(buf == 0xA)                //数据第 1 个数字为 A，则做标记
                {
                    UART_Flag = 1;
                }
                else UART_Flag = 0;           //否则不标记，放弃处理
        break;
        case 1:
                if(buf == 0x6)                //数据第 2 个数字为 6，则做标记
                {
                    UART_Flag = 2;
                }
                else UART_Flag = 0;           //否则不标记，放弃处理
        break;
        case 2:
                if(buf == 0x0)                //数据第 3 个数字为 0，则做标记
                {
                    UART_Flag = 3;
                }
                else UART_Flag = 0;           //否则不标记，放弃处理
        break;
        case 3:
                if(buf == 0x0)                //数据第 4 个数字为 0，则做标记
                {
                    UART_Flag = 4;
                }
                else UART_Flag = 0;           //否则不标记，放弃处理
        break;
        case 4:
                if(buf == 0x0)                //数据第 5 个数字为 0，则做标记
                {
                    UART_Flag = 5;
                }
                else UART_Flag = 0;           //否则不标记，放弃处理
        break;
        case 5:
                if(buf == 0x0)                //数据第 6 个数字为 0，则切换到 CH0
                {
                    UART_Flag = 0;
                    K1=K2=0;
                    LED1=0;LED2=LED3=LED4=1;
                }                             //LED1 亮，其他灭
                else if(buf == 0x1)           //数据第 6 个数字为 1，则切换到 CH1
                {
                    UART_Flag = 0;
                    K1=1;K2=0;
                    LED2=0;LED1=LED3=LED4=1;
                }                             //LED2 亮，其他灭
                else if(buf == 0x2)           //数据第 6 个数字为 2，则切换到 CH2
```

```
                    UART_Flag = 0;
                    K1=0;K2=1;
                    LED3=0;LED1=LED2=LED4=1;
                }                                   //LED3 亮，其他 LED 灭
                else if(buf == 0x3)                 //数据第 6 个数字为 3，则切换到 CH3
                {
                    UART_Flag = 0;
                    K1=1;K2=1;
                    LED4=0;LED1=LED2=LED3=1;
                }                                   //LED4 亮，其他 LED 灭
                else UART_Flag = 0;
            break;
        }
    }
}
```

6.3　超小的 Modbus 测量模块

　　电流环电压串口测量头（型号为 MOD4205，见图 6-7）可用于测量 4～20 mA 的电流环以及 0～5 V 的电压，并且通过 RS-232 或 RS-485 送到计算机进行显示。MOD4205 符合 Modbus 协议，可以用任何遵循 Modbus 协议标准的软件直接显示测量结果，包括各种组态软件、Modbus 调试精灵，以及符合 Modbus 协议的 VC、VB 测量软件等。由于 4～20 mA 的电流环以及 0～5 V 的电压都是典型的传感器、变送器的标准输出信号，所以 MOD4205 特别适合测量传感器、变送器信号。

　　MOD4205 同时带 RS-232 以及 RS-485。RS-232 适合将 MOD4205 直接接到计算机的 RS-232，方便使用。RS-485 可以延长通信距离到 1200 m，同时还有地址设置功能：4 位拨码开关可以最多设置 16 个地址，也就是同一个 RS-485 上可以最多接 16 个 MOD4205。RS-485 可接到 Modbus 协议的 PLC 或通过 RS-232/RS-485 转换器接到计算机的 RS-232。

图 6-7　MOD4205 测量模块的外形图

6.3.1　安装及性能

　　MOD4205 的外形为 DB-9（孔）/DB-9（针）转接盒大小，配接线端子板。MOD4205 是业界超小的 Modbus 测量模块，也是使用超简单的 Modbus 测量模块。MOD4205 内置 10

位 A/D 转换器，分辨率为 1/1024，采样速率因受串口通信波特率 9600 b/s 的限制而小于 1 kb/s。

产品的左侧 DB-9（孔）为 RS-232，可以直接外插计算机的 RS-232。产品的上侧面为 RS-485 以及外接电源的端子。直流供电电压为 5 V，功耗小于 100 mA，产品配套有 5 V 稳压电源。产品的下侧面的 4 位拨码开关用于设置地址。拨码开关的设置共 4 位，向下置为 OFF 代表状态 1，向上置为 ON 代表状态 0，靠近 DB-9 孔侧（左侧）为最低位。

产品的右侧 DB-9（针）配有接线端子板，用于连接 4～20 mA 的电流环和 0～5 V 的电压。接线端子上的 0、1、2、3 路默认用于测量 4～20 mA 的电流环；4、5、6、7 路默认用于测量 0～5 V 的电压。接线端子上还提供了地线 GND 端子和电源+V 端子。+V 端子与 RS-485 端子旁边的+V 端子是导通的，可以对外供电。

6.3.2　通信格式及软件使用

由于 MOD4205 符合 Modbus 协议，所以可以使用任何符合 Modbus 协议的软件来进行操作。MOD4205 用到了 Modbus RTU 协议的 03 号操作（读取寄存器）。

MOD4205 所用的 Modbus 格式如下所述。

（1）串口通信参数：格式（9600,N,8,1），有 RS-232 和 RS-485 供选择，支持标准 Modbus RTU 协议。

（2）设备地址设置：4 位拨码开关用于设置设备地址，拨到 OFF 端（向下面的数字 1234 侧）代表该位为 1，拨到 ON 端（向上面的产品侧）代表该位为 0。注意设置完毕后需要重新上电。具体设置如表 6-1 所示。

表 6-1　设备地址拨码开关设置

4	3	2	1	地址（十六进制）	地址（十进制）
0	0	0	0	0x00	0
0	0	0	1	0x01	1
0	0	1	0	0x02	2
0	0	1	1	0x03	3
0	1	0	0	0x04	4
0	1	0	1	0x05	5
0	1	1	0	0x06	6
0	1	1	1	0x07	7
1	0	0	0	0x08	8
1	0	0	1	0x09	9
1	0	1	0	0x0A	10
1	0	1	1	0x0B	11

续表

4	3	2	1	地址（十六进制）	地址（十进制）
1	1	0	0	0x0C	12
1	1	0	1	0x0D	13
1	1	1	0	0x0E	14
1	1	1	1	0x0F	15

（3）8 路模拟量采集结果的存储地址分配如下所述。

● 0x0000：通道 CH0 测量结果；
● 0x0001：通道 CH1 测量结果；
● 0x0002：通道 CH2 测量结果；
● 0x0003：通道 CH3 测量结果；
● 0x0004：通道 CH4 测量结果；
● 0x0005：通道 CH5 测量结果；
● 0x0006：通道 CH6 测量结果；
● 0x0007：通道 CH7 测量结果。

以常用的 Modbus 测试精灵为例（见图 6-8）。如果设备地址为 0x01，现在要读取 CH0
的测量值。首先连接到计算机的 RS-232 或者 RS-485，单击"打开串口"按钮；然后在"设
备地址"框中填写为"1"（表示地址为 0x01），在"寄存器地址"框中填写为"0"（表示测
量 CH0），"数量"默认为"1"；最后单击"读出"按钮即可。

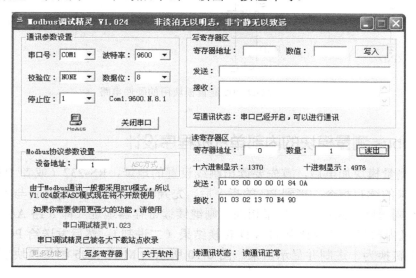

图 6-8　Modbus 测试精灵运行结果

6.3.3　Modbus 测量模块的硬件设计

整个 Modbus 测量模块用到了三片集成电路：单片机 STC12C5A60S2、RS-232 接口芯片
（MAX232）、RS-485 接口芯片（MAX485），其中 MAX485 在图中没有画出。对外部电压或

电流的测量使用的是单片机 STC12C5A 内部的 8 路 10 位 A/D 转换器（CH0～CH7）。跳线端子 J0、J1、J2、J3 用于设置模块的地址。图 6-9 所示为 MOD4205 测量模块用的硬件电路。

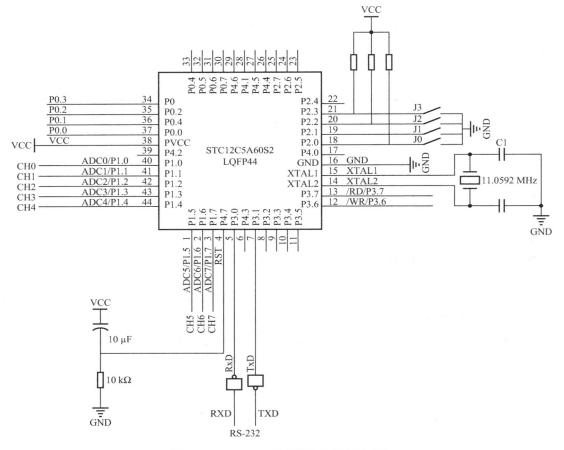

图 6-9　MOD4205 测量模块用的硬件电路

6.3.4　Modbus 测量模块的内部单片机程序设计

Modbus 测量模块加电后，首先要读出跳线设置的地址，RS-232（或者 RS-485）等待接收 PC 发送来的读写指令。接到 PC 的指令后，先判断该指令的地址是否与本模块的地址相同，如果不同，则结束程序；如果相同，则继续读寄存器地址（即 8 路 A/D 转换的某一路）。用单片机内部指令读取该路的 A/D 转换结果（二进制），然后发送给 PC。PC 的程序会将这个结果转换为十进制并显示出来。图 6-10 所示为 MOD4205 测量模块所用的单片机程序框图。

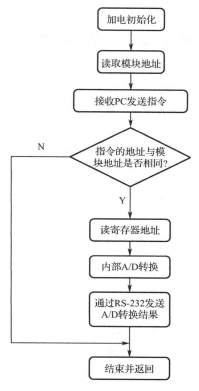

图6-10　MOD4205测量模块用的单片机程序框图

　　本书配套开发资料包里有MOD4205测量模块用的单片机程序的源代码，仅供读者参考，其中关键的A/D转换子程序的核心代码如下所述。

```
uint GetAdcResult(uchar ch)
{
    uint AdcRes=0;
    float AdcTemp;
    P1ASF=0xFF;
    ADC_RES=0x00;
    ADC_RESL=0x00;
    delay(1);
    ADC_CONTR=0xE0|0x08|ch;
    delay(2);
    while(!(ADC_CONTR&0x10));
        ADC_CONTR&=~0x10;              //0110 0000
        AdcRes=ADC_RES;
        AdcRes=(AdcRes<<2)|ADC_RESL;
        AdcTemp=(AdcRes*5.0)/1023;
        AdcRes =AdcTemp*1000;
    return AdcRes;

}
```

6.3.5 Modbus 测量模块的外接 PC 程序设计

既然 Modbus 测量模块可以使用 Modbus 测试精灵来显示电压或电流测量结果，那么我们也可以按照 Modbus 格式编写 PC 端的用户操作程序。本书配套开发资料包里有用 VC（Visual C++ 6.0）、VB（Visual Basic 6.0）编写的 MOD4205 测量程序的源代码，仅供读者参考。

以 VC 软件为例，用 Visual C++ 6.0 打开 MOD4205 源程序后的界面如图 6-11 所示。

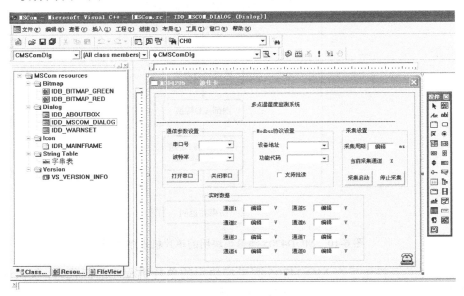

图 6-11　用 Visual C++ 6.0 打开 MOD4205 的源程序后的界面

整个软件围绕通信控件 MSCOMM.OCX 对 RS-232 的操作来编写，核心代码如下所述。

```
//Machine generated IDispatch wrapper class(es) created by Microsoft Visual C++
//NOTE: Do not modify the contents of this file.　　If this class is regenerated by
//Microsoft Visual C++, your modifications will be overwritten.
#include "stdafx.h"
#include "mscomm.h"
/////////////////////////////////////////////////////////////////////////////////
//CMSComm
IMPLEMENT_DYNCREATE(CMSComm, CWnd)
/////////////////////////////////////////////////////////////////////////////////
//CMSComm operations
void CMSComm::SetCDHolding(BOOL bNewValue)               //设置 CD 信号
{
    static BYTE parms[] = VTS_BOOL;
    InvokeHelper(0x1, DISPATCH_PROPERTYPUT, VT_EMPTY, NULL, parms, bNewValue);
}
BOOL CMSComm::GetCDHolding()                             //获取 CD 信号
{
    BOOL result;
```

```
        InvokeHelper(0x1, DISPATCH_PROPERTYGET, VT_BOOL, (void*)&result, NULL);
        return result;
}
void CMSComm::SetCommID(long nNewValue)                    //设置串口 ID
{
        static BYTE parms[] = VTS_I4;
        InvokeHelper(0x3, DISPATCH_PROPERTYPUT, VT_EMPTY, NULL, parms, nNewValue);
}
long CMSComm::GetCommID()                                  //获取串口 ID
{
        long result;
        InvokeHelper(0x3, DISPATCH_PROPERTYGET, VT_I4, (void*)&result, NULL);
        return result;
}
void CMSComm::SetCommPort(short nNewValue)                 //设置串口号
{
        static BYTE parms[] = VTS_I2;
        InvokeHelper(0x4, DISPATCH_PROPERTYPUT, VT_EMPTY, NULL, parms, nNewValue);
}
short CMSComm::GetCommPort()                               //获取串口号
{
        short result;
        InvokeHelper(0x4, DISPATCH_PROPERTYGET, VT_I2, (void*)&result, NULL);
        return result;
}
void CMSComm::SetCTSHolding(BOOL bNewValue)                //设置 CTS 信号
{
        static BYTE parms[] = VTS_BOOL;
        InvokeHelper(0x5, DISPATCH_PROPERTYPUT, VT_EMPTY, NULL, parms, bNewValue);
}
BOOL CMSComm::GetCTSHolding()                              //获取 CTS 信号
{
        BOOL result;
        InvokeHelper(0x5, DISPATCH_PROPERTYGET, VT_BOOL, (void*)&result, NULL);
        return result;
}
void CMSComm::SetDSRHolding(BOOL bNewValue)                //设置 DSR 信号
{
        static BYTE parms[] = VTS_BOOL;
        InvokeHelper(0x7, DISPATCH_PROPERTYPUT, VT_EMPTY, NULL, parms, bNewValue);
}
BOOL CMSComm::GetDSRHolding()                              //获取 DSR 信号
{
        BOOL result;
        InvokeHelper(0x7, DISPATCH_PROPERTYGET, VT_BOOL, (void*)&result, NULL);
        return result;
}
void CMSComm::SetDTREnable(BOOL bNewValue)                 //设置 DTR 信号
```

```
{
    static BYTE parms[] = VTS_BOOL;
    InvokeHelper(0x9, DISPATCH_PROPERTYPUT, VT_EMPTY, NULL, parms, bNewValue);
}
BOOL CMSComm::GetDTREnable()                              //获取 DTR 信号
{
    BOOL result;
    InvokeHelper(0x9, DISPATCH_PROPERTYGET, VT_BOOL, (void*)&result, NULL);
    return result;
}
void CMSComm::SetHandshaking(long nNewValue)             //设置握手信号
{
    static BYTE parms[] = VTS_I4;
    InvokeHelper(0xa, DISPATCH_PROPERTYPUT, VT_EMPTY, NULL, parms, nNewValue);
}
long CMSComm::GetHandshaking()                            //获取握手信号
{
    long result;
    InvokeHelper(0xa, DISPATCH_PROPERTYGET, VT_I4, (void*)&result, NULL);
    return result;
}
void CMSComm::SetInBufferSize(short nNewValue)           //设置接收缓冲区大小
{
    static BYTE parms[] = VTS_I2;
    InvokeHelper(0xb, DISPATCH_PROPERTYPUT, VT_EMPTY, NULL, parms, nNewValue);
}
short CMSComm::GetInBufferSize()                          //获取接收缓冲区大小
{
    short result;
    InvokeHelper(0xb, DISPATCH_PROPERTYGET, VT_I2, (void*)&result, NULL);
    return result;
}
void CMSComm::SetInBufferCount(short nNewValue)          //设置接收缓冲区计数
{
    static BYTE parms[] = VTS_I2;
    InvokeHelper(0xc, DISPATCH_PROPERTYPUT, VT_EMPTY, NULL, parms, nNewValue);
}
short CMSComm::GetInBufferCount()                         //获取接收缓冲区计数
{
    short result;
    InvokeHelper(0xc, DISPATCH_PROPERTYGET, VT_I2, (void*)&result, NULL);
    return result;
}
void CMSComm::SetBreak(BOOL bNewValue)                   //设置中断
{
    static BYTE parms[] = VTS_BOOL;
    InvokeHelper(0xd, DISPATCH_PROPERTYPUT, VT_EMPTY, NULL, parms, bNewValue);
}
```

```
BOOL CMSComm::GetBreak()                              //获取中断
{
    BOOL result;
    InvokeHelper(0xd, DISPATCH_PROPERTYGET, VT_BOOL, (void*)&result, NULL);
    return result;
}
void CMSComm::SetInputLen(short nNewValue)            //设置接收长度
{
    static BYTE parms[] = VTS_I2;
    InvokeHelper(0xe, DISPATCH_PROPERTYPUT, VT_EMPTY, NULL, parms, nNewValue);
}
short CMSComm::GetInputLen()                          //获取接收长度
{
    short result;
    InvokeHelper(0xe, DISPATCH_PROPERTYGET, VT_I2, (void*)&result, NULL);
    return result;
}
void CMSComm::SetNullDiscard(BOOL bNewValue)          //设置无效通信
{
    static BYTE parms[] = VTS_BOOL;
    InvokeHelper(0x10, DISPATCH_PROPERTYPUT, VT_EMPTY, NULL, parms, bNewValue);
}
BOOL CMSComm::GetNullDiscard()                        //读取无效通信
{
    BOOL result;
    InvokeHelper(0x10, DISPATCH_PROPERTYGET, VT_BOOL, (void*)&result, NULL);
    return result;
}
void CMSComm::SetOutBufferSize(short nNewValue)       //设置发送缓冲区大小
{
    static BYTE parms[] = VTS_I2;
    InvokeHelper(0x11, DISPATCH_PROPERTYPUT, VT_EMPTY, NULL, parms, nNewValue);
}
short CMSComm::GetOutBufferSize()                     //获取发送缓冲区大小
{
    short result;
    InvokeHelper(0x11, DISPATCH_PROPERTYGET, VT_I2, (void*)&result, NULL);
    return result;
}
void CMSComm::SetOutBufferCount(short nNewValue)      //设置发送缓冲区计数
{
    static BYTE parms[] = VTS_I2;
    InvokeHelper(0x12, DISPATCH_PROPERTYPUT, VT_EMPTY, NULL, parms, nNewValue);
}
short CMSComm::GetOutBufferCount()                    //获取发送缓冲区计数
{
    short result;
    InvokeHelper(0x12, DISPATCH_PROPERTYGET, VT_I2, (void*)&result, NULL);
```

```
        return result;
    }
    void CMSComm::SetParityReplace(LPCTSTR lpszNewValue)        //设置校验位
    {
        static BYTE parms[] = VTS_BSTR;
        InvokeHelper(0x13, DISPATCH_PROPERTYPUT, VT_EMPTY, NULL, parms, lpszNewValue);
    }
    CString CMSComm::GetParityReplace()                          //获取校验位
    {
        CString result;
        InvokeHelper(0x13, DISPATCH_PROPERTYGET, VT_BSTR, (void*)&result, NULL);
        return result;
    }
    void CMSComm::SetPortOpen(BOOL bNewValue)                    //打开串口
    {
        static BYTE parms[] = VTS_BOOL;
        InvokeHelper(0x14, DISPATCH_PROPERTYPUT, VT_EMPTY, NULL, parms, bNewValue);
    }
    BOOL CMSComm::GetPortOpen()                                  //获取串口打开状态
    {
        BOOL result;
        InvokeHelper(0x14, DISPATCH_PROPERTYGET, VT_BOOL, (void*)&result, NULL);
        return result;
    }


    void CMSComm::SetRThreshold(short nNewValue)                 //设置接收阈值
    {
        static BYTE parms[] = VTS_I2;
        InvokeHelper(0x15, DISPATCH_PROPERTYPUT, VT_EMPTY, NULL, parms, nNewValue);
    }
    short CMSComm::GetRThreshold()                               //获取接收阈值
    {
        short result;
        InvokeHelper(0x15, DISPATCH_PROPERTYGET, VT_I2, (void*)&result, NULL);
        return result;
    }
    void CMSComm::SetRTSEnable(BOOL bNewValue)                   //设置 RTS 为允许
    {
        static BYTE parms[] = VTS_BOOL;
        InvokeHelper(0x16, DISPATCH_PROPERTYPUT, VT_EMPTY, NULL, parms, bNewValue);
    }
    BOOL CMSComm::GetRTSEnable()                                 //获取 RTS 的允许状态
    {
        BOOL result;
        InvokeHelper(0x16, DISPATCH_PROPERTYGET, VT_BOOL, (void*)&result, NULL);
        return result;
    }
    void CMSComm::SetSettings(LPCTSTR lpszNewValue)              //设置串口配置
```

```
{
    static BYTE parms[] = VTS_BSTR;
    InvokeHelper(0x17, DISPATCH_PROPERTYPUT, VT_EMPTY, NULL, parms, lpszNewValue);
}
CString CMSComm::GetSettings()                              //读取串口配置
{
    CString result;
    InvokeHelper(0x17, DISPATCH_PROPERTYGET, VT_BSTR, (void*)&result, NULL);
    return result;
}
void CMSComm::SetSThreshold(short nNewValue)               //设置发送阈值
{
    static BYTE parms[] = VTS_I2;
    InvokeHelper(0x18, DISPATCH_PROPERTYPUT, VT_EMPTY, NULL, parms, nNewValue);
}
short CMSComm::GetSThreshold()                             //获取发送阈值
{
    short result;
    InvokeHelper(0x18, DISPATCH_PROPERTYGET, VT_I2, (void*)&result, NULL);
    return result;
}
void CMSComm::SetOutput(const VARIANT& newValue)           //将数据送入发送区
{
    static BYTE parms[] = VTS_VARIANT;
    InvokeHelper(0x19, DISPATCH_PROPERTYPUT, VT_EMPTY, NULL, parms, &newValue);
}
VARIANT CMSComm::GetOutput()                               //获取发送区数据
{
    VARIANT result;
    InvokeHelper(0x19, DISPATCH_PROPERTYGET, VT_VARIANT, (void*)&result, NULL);
    return result;
}
void CMSComm::SetInput(const VARIANT& newValue)            //将数据送入接收区
{
    static BYTE parms[] = VTS_VARIANT;
    InvokeHelper(0x1a, DISPATCH_PROPERTYPUT, VT_EMPTY, NULL, parms, &newValue);
}
VARIANT CMSComm::GetInput()                                //获取接收区数据
{
    VARIANT result;
    InvokeHelper(0x1a, DISPATCH_PROPERTYGET, VT_VARIANT, (void*)&result, NULL);
    return result;
}
void CMSComm::SetCommEvent(short nNewValue)                //设置通信事件
{
    static BYTE parms[] = VTS_I2;
    InvokeHelper(0x1b, DISPATCH_PROPERTYPUT, VT_EMPTY, NULL, parms, nNewValue);
}
```

```
short CMSComm::GetCommEvent()                                      //获取通信事件
{
    short result;
    InvokeHelper(0x1b, DISPATCH_PROPERTYGET, VT_I2, (void*)&result, NULL);
    return result;
}
void CMSComm::SetEOFEnable(BOOL bNewValue)
 //设置 EOF（文件结束）允许
{
    static BYTE parms[] = VTS_BOOL;
    InvokeHelper(0x1c, DISPATCH_PROPERTYPUT, VT_EMPTY, NULL, parms, bNewValue);
}
BOOL CMSComm::GetEOFEnable()
                                                     //获取 EOF（文件结束）允许状态
{
    BOOL result;
    InvokeHelper(0x1c, DISPATCH_PROPERTYGET, VT_BOOL, (void*)&result, NULL);
    return result;
}
void CMSComm::SetInputMode(long nNewValue)              //设置接收状态
{
    static BYTE parms[] = VTS_I4;
    InvokeHelper(0x1d, DISPATCH_PROPERTYPUT, VT_EMPTY, NULL, parms, nNewValue);
}
long CMSComm::GetInputMode()                            //读取接收状态
{
    long result;
    InvokeHelper(0x1d, DISPATCH_PROPERTYGET, VT_I4, (void*)&result, NULL);
    return result;
}
```

程序运行界面如图 6-12 所示。

图 6-12　MOD4205 的 VC 程序运行界面

6.3.6　外接 A/D 转换芯片的 Modbus 测量模块的设计

前面介绍的测量模块使用的是单片机的内部 A/D 转换器，只有 10 位分辨率，量程也只有 0～5 V 一种。如果需要更高的分辨率和多种量程，就需要用单片机外接专用 A/D 转换芯片。MAX186 是 MAXIM 公司生产的一种采用 SPI 接口的、高速超低功耗的、逐次逼近型 A/D 转换芯片，内部具有 8 通道多路 A/D 转换器、宽带跟踪/保持电路和串行接口；8 路单端输入或 4 路差动输入可由软件设定，转换结果由串行接口输出；分辨率为 12 位，采样速率达 130 kHz；芯片可由单 5 V 或双±5 V 电源供电；其串行接口可与 SPI 兼容；可采用内部时钟或外部时钟完成 A/D 转换；内部基准电压为 4.096 V；具有硬件关断和软件关断两种模式。图 6-13 所示为外接 A/D 转换芯片的 Modbus 测量模块的硬件电路。

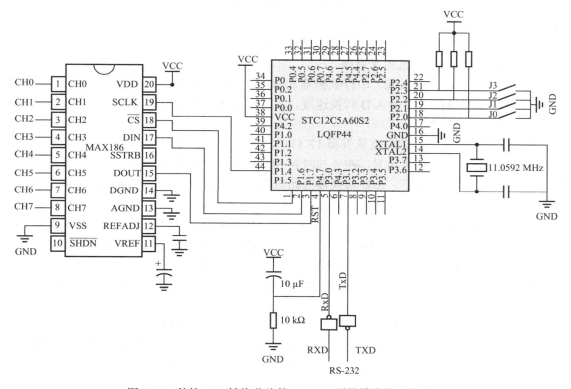

图 6-13　外接 A/D 转换芯片的 Modbus 测量模块的硬件电路

SPI 也是一种串行通信总线标准，主要用于单片机之间或者单片机与外部扩展芯片之间的通信。串行外设接口（Serial Peripheral Interface，SPI）是一种高速、全双工、同步的通信总线，在芯片的引脚上占用四根线：SCLK、DIN、DOUT、CS。如今越来越多的芯片集成了这种通信协议，如 MAX186。单片机用普通的 I/O 口就可以连接外部芯片的 SPI 接口，只需要遵循 SPI 时序要求即可。

MAX186（参见图 6-13）有 20 个引脚，具体描述如下。

引脚 1～8：模拟输入，可以直接外接输入模拟电压。

引脚 9：负电源电压，接-5 V 或 AGND。

引脚 10：关断输入信号端 $\overline{\text{SHDN}}$，为 0 时为全关断方式。$\overline{\text{SHDN}}$ 的另一用途是设定参考/

缓冲放大器的校正模式，为 1 时，使参考/缓冲放大器处于内部校正模式；浮置（悬空）时，使参考/缓冲放大器处于外部校正模式。

引脚 11：A/D 转换的基准电压输入端，也是参考/缓冲放大器的输出。当采用外部基准电压源工作时，外部电源由此输入；当采用外部校正模式时，该引脚和地之间应接一个 4.7 μF 的电容。

引脚 12：参考/缓冲放大器的输入端，不用时将 REFADJ 端接到 VDD。

引脚 13：AGND，在单输入时作为 IN-输入端。

引脚 14：DGND。

引脚 15：串行数据输出，在 SCLK 的下降沿输出数据。

引脚 16：串行选通输出。在内部时钟模式情况下，当 MAX186 开始 A/D 转换时，SSTRB 变低；当转换完成时，SSTRB 变高。在外部时钟模式时，转换数据的最高位 MSB 输出之前，SSTRB 出现一个时钟周期的高电平。

引脚 17：串行数据输入，在 SCLK 的上升沿输入数据。

引脚 18：片选信号，低电平有效。

引脚 19：串行时钟输入端。串行数据输入和输出都按照该时钟节拍进行，在外部时钟模式时，SCLK 的时钟周期决定 A/D 转换速度，且 SCLK 的占空比必须在 40%～60% 之间。

引脚 20：正电源端。

在进行 A/D 转换时，首先需从引脚 17（DIN）串行输入一个控制字节，用该控制字节设定每次转换的工作模式和通道号，在外部时钟 SCLK 的上升沿将该控制字节从高位到低位逐位输入。将控制字节输入后，A/D 转换器开始转换。转换结束后，在 SCLK 的下降沿将转换结果从引脚 15（DOUT）输出。

对 MAX186 的读写是通过对单片机的 4 个 I/O 脚进行编程来实现的，P1.4 接 SCLK、P1.5 接 $\overline{CS}$、P1.6 接 DIN、P1.7 接 DOUT。单片机 STC12C5A60S2 程序的 Modbus 通信协议等部分不变，只是 A/D 转换子程序不再是内部 A/D 转换器，而是改为对外部 MAX186 的读写。

对 MAX186 进行 A/D 转换的子程序返回的是 12 位的整型数据。MAX186 通道 CH0 对应的是 0，CH1 对应的是 1，CH2 对应的是 2，CH3 对应的是 3，CH4 对应的是 4，CH5 对应的是 5，CH6 对应的是 6，CH7 对应的是 7。比如，"int ch3;ch3=ad186(3);"，其中，"ch3"就是从 MAX186 的第 4 引脚输入的模拟电压信号大小，单位是 mV，如果此时 MAX186 的第 4 引脚（CH3）输入 1.000 V 的电压，则返回 0x3E8H（就是十进制的 1000）。同理，ad186(4) 表示的是从第 5 引脚（即 CH4）输入的信号。

```
uint ad186(uchar ss)                          //MAX186 的 A/D 转换子程序
{
    uchar i,kki,s;
    uint i_data,i_datatransfer,addata;
    switch(ss)
    {
        case0:s=0x8E;break;
        case1:s=0xCE;break;
        case2:s=0x9E;break;
        case3:s=0xDE;break;
        case4:s=0xAE;break;
```

```
        case5:s=0xEE;break;
        case6:s=0xBE;break;
        case7:s=0xFE;break;
        default:s=0xAE;break;
        CS=1;
        SCLK=0;
        CS=0;
        SCLK=0;
        for(i=0;i<8;i++)
        {
            uchar adaddresstransfer;              //控制字移入单片机中
            adaddresstransfer=s;
            adaddresstransfer=(adaddresstransfer>>(7-i))&0x01;
            DIN=adaddresstransfer;
            SCLK=1;
            for(kki=0;kki<2;kki++);
            SCLK=0;
        }
        CS=1;
        for(i=0;i<6;i++);
        CS=0;
        SCLK=1;
        for(i=0;i<12;i++)
        {
            SCLK=1;
            SCLK=0;
            i_datatransfer=DOUT;
            i_datatransfer=i_datatransfer<<(11-i);
            i_data=i_data|i_datatransfer;
        }
        addata=i_data;                            //转换后数据发送到CH1
        for(i=0;i<4;i++)
        {
            SCLK=1;
            SCLK=0;
        }
        CS=1;
        idata=idatatransfer=0;
        delay(5);
        return(addata);
    }
}
```

第7章

HART 智能变送器

我们知道，所谓变送器，就是输出 4～20 mA 电流信号的传感器；所谓传感器，就是对温度、压力、流量等物理参数进行测量并转换为电信号的装置，有的传感器不带信号处理电路，而带信号处理电路的传感器，其输出信号的电压一般为 0～5 V。

在第 1 章中我们讲过，非差分的 0～5V 的电压信号是不能进行远程传输的，比如 TTL 电平的 RS-232 信号就是 0 和 5 V 的，最远只能够传输 5 m。在 1.3.3 节里，我们简介了可以远程传输串行信号的 TTY 电流环技术，就是用电流信号代替电压信号，可以传输更远的距离，可以从 5 m 增加到 1000 m。传感器借鉴了 TTY 电流环技术后，把 0～5 V 的电压信号转换为电流信号。注意这个电流信号是模拟量，与串行通信的 TTY 电流环代表的电流信号是完全不一样的概念。传感器的 0～5 V 电压信号转换出来的是 0～20 mA 电流，后来为了利用这个电流信号为变送器供电，其中的 0～4 mA 的电流不再代表模拟量输出，而是用于对变送器供电。这样变送器的输出信号标准成为 4～20 mA，其中 4 mA 对应输出信号的最小值，相当于传感器的 0 V；20 mA 对应输出信号的最大值，相当于传感器的 5 V。

随着 4～20 mA 标准的普及，传感器的名称也由原来的 Sensor（敏感元件）、Transducer（传感器）变成了 Transmitter（变送器）。随着技术的进步，4～20 mA 还是显得不够先进，因为它依旧是模拟信号。大家都知道数字化是趋势，犹如整个通信行业一样。然而 4～20 mA 信号、甚至 0～5 V 信号已经在测量和控制系统中被广泛应用，事实上大多数情况下应用模拟量也没有任何问题，于是出现了我们在第 3 章专门介绍的 HART 协议。HART 是由 Rosemount 于 1985 年提出的一种过渡性总线标准。之所以说是过渡性的，是因为 HART 还没有彻底抛弃模拟信号，主要是在 4～20 mA 电流信号上面叠加数字信号，以实现部分智能仪表的功能。一般的非智能的变送器达到低于 4 mA 的功耗已经比较困难，而带 HART 通信功能的变送器的静态功耗要求低于 4 mA，这样低的功耗在当时是非常难以实现的，所以 Rosemount 的 HART

变送器当时算是高科技中的黑科技。随着集成电路技术的进步，后来出现了专用的 HART Modem 芯片，还有极低功耗的单片机和 D/A 转换器，这才使得一般的厂家可以研制出 HART 智能变送器。其中 HART Modem 芯片是关键的技术，目前的生产厂家有 SMAR、AMI Semiconductor 和 MAXIM 等。

7.1 HART Modem 的原理与应用

我们知道，HART Modem 是遵循 Bell 202 标准、采用 FSK 技术的 1200 b/s 的 Modem，但是遵循 Bell 202 标准的普通 Modem 的芯片在 HART 变送器上用不了，主要是功耗太大，而且缺少某些 HART 的专门功能。HART Modem 必须采用专用的 HART 芯片。

AMI Semiconductor 公司的 A5191HRT 型 HART Modem 芯片可用于构建智能现场仪表的 HART 协议通信模块，具有外围电路简单和工作可靠性高等特点。HART Modem 芯片内部集成了符合 Bell 202 标准的较完整的调制/解调电路，与单片机接口方便，便于构建智能现场仪表的 HART 协议通信模块电路。本节最后给出了基于 A5191HRT 和 AD421 型 D/A 转换器的 HART 协议通信模块设计。

7.1.1 HART Modem 的原理

Modem 的功能分为两部分：调制和解调。Modem 本来是用于在电话线上传输数字信号的。Bell 202 标准就是采用 FSK 调制，把逻辑 1 和 0 转换为不同频率的正弦波信号。只有正弦波信号才便于通过变压器并在电话上长距离传输而干扰较少。电话线本来是用于传输音频信号的，一般音频范围为 300～3000 Hz。HART Modem 把逻辑 1 转换成 1200 Hz 的正弦波，把逻辑 0 转换为 2200 Hz 的正弦波。反过来，解调就是把音频信号还原为数字信号。HART Modem 就是把 1200 Hz 的正弦波转换为逻辑 1，把 2200 Hz 的正弦波转换为逻辑 0。

HART Modem 与普通的 Modem 的区别在于：HART Modem 的音频信号不是电压而是电流，这个电流包含 HART Modem 的整个 HART 变送器的功耗，而且这个功耗的静态值必须是 4 mA，数字信号的幅度为±0.5 mA，整个 HART 变送器功耗不超过 4-0.5=3.5 mA。4～20 mA 也代表传统的变送器的模拟量输出信号。

这里再简单回顾一下，HART 采用基于 Bell 202 标准的 FSK 频移键控信号，在低频 4～20 mA 模拟信号上叠加音频数字信号进行双向通信，数字信号幅度为 0.5 mA，数据传输速率达 1200 b/s，以 1200 Hz 代表逻辑 1，2200 Hz 代表逻辑 0。FSK 频移键控信号波形如图 7-1（a）所示。

数据链路层规定了 HART 协议帧格式，实现建立、维护、终结链路通信的功能。应用层为 HART 协议命令集，用于实现 HART 指令。

HART 协议的 FSK 频移键控信号和 4～20 mA 电流环模拟信号叠加后同时传输的示意图如图 7-1（b）所示。由于 FSK 信号的平均值为 0，所以不影响传输给控制系统的 4～20 mA 电流环模拟信号的大小，保证了与现有模拟系统的兼容性。

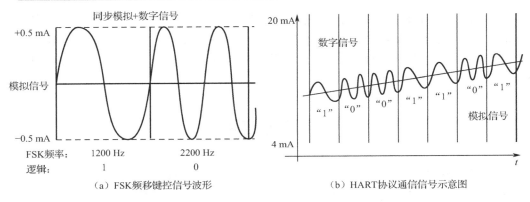

（a）FSK频移键控信号波形　　　　　（b）HART协议通信信号示意图

图 7-1　HART 协议的 FSK 和通信信号

7.1.2　A5191HRT 的性能与引脚功能

A5191HRT 是应用于 HART 现场仪表的单片 CMOS 工艺的调制/解调器，其主要性能如下所述。

（1）单片、半双工 1200 b/s 速率的频移键控（FSK）调制/解调器。

（2）Bell 202 标准的 FSK 频移键控信号，载波频率为 1200 Hz 和 2200 Hz。

（3）内部集成了接收带通滤波器电路和发送信号波形整形电路。

（4）外接 460.8 kHz 晶体振荡器，既可使用内部时钟，也可以使用外部输入时钟。

（5）工作温度范围为-40℃～+85℃。

（6）电源电压为 3.0 V～5.0 V。

（7）满足 HART 协议物理层的要求。

（8）功耗低。为了节省功耗，A5191HRT 在进行发送操作时可将接收电路关闭，进行接收操作时也可将发送电路关闭。这种工作方式适合于 HART 协议的半双工通信方式。

A5191HRT 采用 28 引脚 PLCC 和 32 引脚 LQFP 封装，引脚排列如图 7-2 所示。

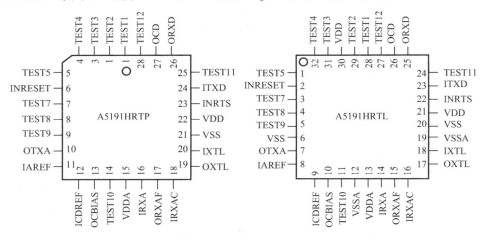

图 7-2　A5191HRT 的封装及引脚排列

主要引脚的功能如表 7-1 所示。

表 7-1　A5191HRT 的主要引脚功能

引　脚	功　能
IAREF	模拟参考电压输入引脚，设置内部运算放大器和比较器的直流参考电压
ICDREF	载波检测参考电压输入引脚
INRESET	片内数字逻辑电路的复位控制信号输入引脚，低电平有效
INRTS	发送请求信号输入引脚，信号为低电平时有效，使调制器工作
IRXA	模拟接收信号输入引脚，输入片外滤波器滤波后的 1200 Hz/2200 Hz 调制信号
IRXAC	模拟接收比较器的输入引脚，载波检测比较器和接收比较滤波器比较器输入信号
ITXD	数字发送信号输入引脚，用于向调制器输入需要发送的非归零数字信号
IXTL	460.8 kHz 时钟信号输入引脚，连接内部晶体振荡器或在使用外部时钟时接地
OCBIAS	比较器偏置电流输出引脚，用于设置内部比较器和放大器的工作参数
OCD	载波检测输出引脚，检测到 IRXA 引脚输入有效的调制信号时输出高电平
ORXAF	模拟接收滤波器输出引脚
ORXD	数字接收信号输出引脚，输出解调后的数字信号
OTXA	模拟发送信号输出引脚，ITXD 引脚的输入信号经调制和整形后由此引脚输出
OXTL	460.8 kHz 的时钟信号输出引脚，连接内部晶体振荡器或输入外部时钟信号
TEST(12:1)	厂家测试引脚
VDD/VDDA	数字电源/模拟电源输入引脚
VSS/VSSA	数字地/模拟地

7.1.3　A5191HRT 的内部结构与工作原理

A5191HRT 内部包括调制器与波形整形电路、载波检测电路、接收滤波器与解调器电路、控制逻辑和时钟振荡器电路。A5191HRT 的内部结构框图如图 7-3 所示。

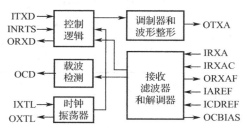

图 7-3　A5191HRT 的内部结构框图

调制器接收 NRZ 编码（不归零数字码）并调制为 FSK 信号，以 1200 Hz 代表逻辑 1，以 2200 Hz 代表逻辑 0，数据传输波特率为 1200 b/s。由波形整形电路将 FSK 信号整形为兼容 HART 协议要求的信号发送出去。接收滤波器完成输入信号的带通滤波，将信号送给载波检测电路和解调器。载波检测电路通过比较接收滤波器输出信号和外部的参考电压，在检测到接收信号输入引脚输入有效的调制信号时输出高电平。解调器在载波输出有效时将经过滤波后的 FSK 输入信号解调为数字信号输出。内部时钟振荡器电路产生 460.8 kHz 的时钟信号，此时需要外接一个晶体振荡器，当然也可以选择直接输入外部时钟信号。控制逻辑电路用于控制 A5191HRT 内部各个电路模块的工作，如发送操作和接收操作的切换。

7.2 HART 协议通信模块的设计

7.2.1 HART 协议通信模块的硬件电路设计

　　某智能现场仪表要求 HART 协议通信模块完成仪表与主机（上位机）之间的仪表设置参数、中间测量数据、校准参数等信息传输，以及将仪表测量结果的数字码转换为 4～20 mA 标准模拟电流环信号的功能。设计完成的 HART 协议通信模块结构框图如图 7-4 所示。

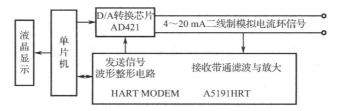

图 7-4　HART 协议通信模块结构框图

　　HART 协议通信模块主要由现场仪表内的单片机（MCU）、A5191HRT 和 AD421 型 D/A 转换芯片组成。其中 AD421 接收单片机传输的数字信号并转换成 4～20 mA 电流输出。A5191HRT 接收叠加在 4～20 mA 环路上的 FSK 信号，解调后传输给单片机，或将单片机产生的应答帧信息调制成 FSK 信号，经波形整形电路后由 AD421 叠加在 4～20 mA 的信号上发送出去。

　　由于 A5191HRT 内部集成了较完整的 HART 调制/解调电路，所以其外围电路只需较少的无源元件。A5191HRT 的外围电路原理如图 7-5 所示。

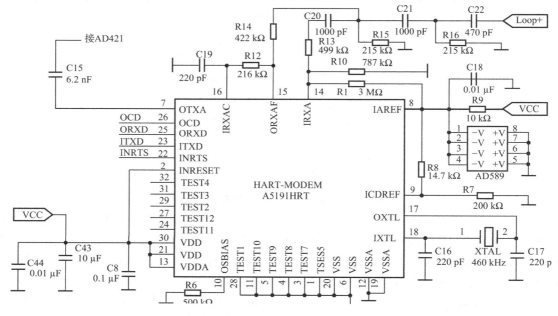

图 7-5　A5191HRT 的外围电路原理

图 7-5 中，A5191HRT 与单片机的接口信号包括载波检测 OCD、HART 解调输出 ORXD、HART 调制输入 ITXD、请求发送 INRTS。Loop+为 4～20 mA 环路输入。HART 调制/解调的时钟信号源于内部时钟振荡器（需外接 460.8 kHz 晶体振荡器）。

AD421 是 ADI 公司的高性能单片 D/A 转换芯片，它兼容 HART 协议的 FSK 通信电路，适合低功耗、高精度、低成本的智能工业控制应用。AD421 由电压调整器、$\sum$-Δ 结构 D/A 转换器和电流放大器组成，可将 16 bit 的数字码转换为对应的 4～20 mA 模拟电流。

7.2.2 HART 协议通信模块的软件设计

HART 协议通信模块的软件设计包括 HART 协议的软件设计，以及单片机对 AD421 的控制程序设计。前者包括 HART 协议数据链路层的通信程序设计和应用层的软件界面设计，是整个模块软件设计的主要部分。

HART 协议通信模块的通信过程由主机发送命令帧开始，现场仪表作为从机使用中断调用子程序来完成接收和应答。现场仪表上电复位后，通信程序首先初始化 HART 协议通信模块。例如，设定单片机的 UART 工作方式、串行通信波特率、数据帧格式，以及中断后进入等待状态。主机发送命令时，A5191HRT 的载波检测 OCD 变为低电平，触发单片机的 UART 中断，调用接收子程序。单片机完成主机命令的接收和处理后，生成应答帧并传输给 A5191HRT，调制成 FSK 信号后传输给主机，完成后再将 HART 协议通信模块设置为等待状态。

HART 协议通信模块采用这种中断调用子程序的方法完成现场仪表和主机之间的通信，可以实现主机对现场仪表的各个工作参数的设置、测量结果的读取、仪表工作状态的检测等功能，并且具有程序设计灵活的优点。

HART 技术在国外已经很成熟，并以其自身突出的优点成为智能控制领域中应用最广泛的现场通信协议。可以预见，在今后很长一段时期内，HART 技术将在我国现场仪表的智能化研制和改造中发挥重要作用。设计实践证明，使用 A5191HRT 设计智能现场仪表的 HART 协议通信模块具有电路设计简单、工作可靠性高的优点，参考价值和实用价值较高。

7.3 RS-232 与 HART 转换器的设计

本节将介绍如何实现 RS-232 与 HART 的转换，该设计使用 DS8500 型 HART 调制/解调器芯片实现 RS-232 与 HART 电流环的连接，以便用户通过 RS-232 对 HART 总线进行检测，以及对 HART 仪表进行测试或设置等。

7.3.1 RS-232 与 HART 转换器的设计原理

DS8500 是 MAXIM 公司的一款单芯片的 HART 调制/解调器，可进行连续相位的 FSK 调制和解调。这款具有丰富功能的低功耗调制/解调器可完全满足 HART 协议的物理层规范。DS8500 具有诸多功能，可以使用户方便、高效地设计具备 HART 调制/解调功能的过程控制系统。DS8500 具有可靠的信号侦测、极少的外部元件、正弦输出信号、低功耗、标准的 3.6864 MHz 晶体振荡器。内置的数字信号处理技术支持可靠的 FSK_IN 信号侦测；极少的外部元件用于将 HART 信号从噪声中提取出来；FSK_OUT 为正弦信号，在系统中产生极低的谐波失真。

图 7-6 所示为 DS8500 在智能变送器中的应用原理框图，突出展示了 HART 调制/解调器芯片与 RS-232 以及 HART 电流环之间的接口。图中的 UART 是指 TTL 电平的 RS-232，它通过 MAX232 转换为 RS-232 电平。

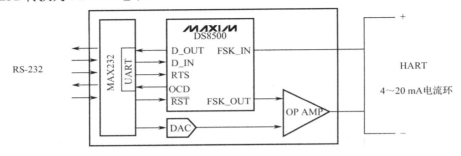

图 7-6　用 DS8500 在智能变送器中的应用原理图

7.3.2　DS8500 的基本工作原理

1. 时钟

DS8500 需要一个精度为±1%的 3.6864 MHz 时钟作为输入源，以确保系统正常工作。图 7-7 给出了晶体振荡器与 DS8500 的连接。当 XCEN 为高电平时，用户可将外部时钟直接接到 XTAL1 引脚。如果需要外部连接 3.6864 MHz 晶体振荡器，XCEN 应该置为低电平，并将晶体振荡器连接到 XTAL1 和 XTAL2 之间。

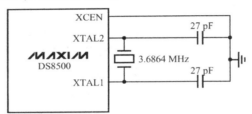

图 7-7　晶体振荡器与 DS8500 的连接

2. 与 RS-232 的接口

HART 协议要求信号通过指定的 11 位 RS-232 串行通信格式进行通信：1 个起始位、8 个数据位、1 个校验位和 1 个停止位，波特率为 1200 b/s，简写为（1200，N，8，1）。DS8500 的调制和解调电路需要与计算机的 RS-232 或者单片机的 UART 连接，以满足协议要求。

在解调模式下，DS8500 需要一个有效的 RS-232 起始信号，用于同步数字通信。HART 调制/解调器和 RS-232 之间的接口如图 7-6 所示。按照图 7-6 所示的框图，拥有 RS-232 的计算机必须包含支持 HART 通信的软件协议栈。D_IN 为 DS8500 的数字信号输入，调制后通过 FSK_OUT 输出。DS8500 输出的数字信号通过 D_OUT 输出，该数据已经由 FSK_IN 信号进行解调。RST 接收微控制器的请求信号，启动调制/解调器的解调（Rx）或调制（Tx）模式。

$\overline{\text{RST}}$ 为 DS8500 提供复位信号，确保所有内部寄存器和滤波器从已知的默认状态开启。$\overline{\text{RST}}$ 可以连接到 RS-232 口的 DTR 信号线。OCD 为载波检测信号，用于确定解调器输入端是否具有幅度有效的 FSK 信号。当 OCD 为逻辑高电平时，说明 FSK_IN 信号幅度大于 120 mV；

当 OCD 为逻辑低电平时，则说明 FSK_IN 输入信号的幅度小于 80 mV 或没有载波信号。也可以利用单片机为 DS8500 提供 3.6864 MHz 的时钟。

3．调制波形

图 7-8 所示为调制波形，D_IN 为调制/解调器输入，FSK_OUT 为调制信号输出，数据以 11 位串行通信格式提供（1200，N，8，1）。

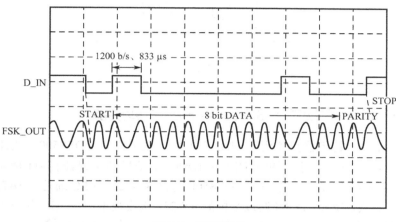

图 7-8　调制波形

4．解调波形

图 7-9 所示为解调波形，FSK_IN 为调制/解调器的输入，D_OUT 为解调信号输出，连接到 RS-232。

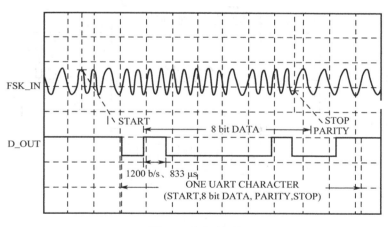

图 7-9　解调波形

5．外部滤波器

利用 DS8500 的数字功能和内置数字滤波器，只需少数外部无源器件即可实现调制/解调功能。从图 7-10 可以看出，在接收端和发送端只需很少的外部元件，DS8500 解调器只需一个简单的、截止频率为 10 kHz 的低通滤波器（R3、C3）和截止频率为 480 Hz 的高通滤波器（C2、R2），用于从模拟信号中提取 HART 信号并分离干扰信号。R1 和 R2 构成的分压电阻为 DS8500 的接收端电路提供 VREF/2 输入偏置电压。选择不同的 RC 可以满足不同应用中的低通、高通滤波器的截止频率要求。外部元件配合内部滤波器能够抑制低频模拟信号，避免对数字接收信号的干扰。除此之外，还能够有效衰减 HART 频带以外的高频干扰。

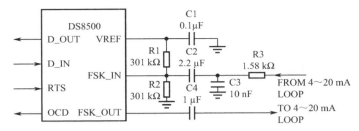

图 7-10　接收端/发送端的外部元件

7.3.3　用 DS8500 实现的 RS-232 与 HART 转换器

RS-232 与 HART 转换器只能用于 HART 主机。在主机侧，DS8500 可以作为主机调制/解调器的一部分，放置在中心控制单元或手持 HART 通信机的位置。图 7-11 所示为用 DS8500 实现 RS-232 与 HART 转换器的电路图。DS8500 通过 RS-232 与 PC 通信。HART 协议通常由安装在计算机上的软件支持。D_IN 通过主机的 RS-232 接收数据，D_OUT 发送数据到 RS-232。$\overline{\text{RST}}$ 提供 DS8500 复位信号；OCD 为载波检测信号，用于确定解调器输入是否存在有效幅度的 FSK 信号。

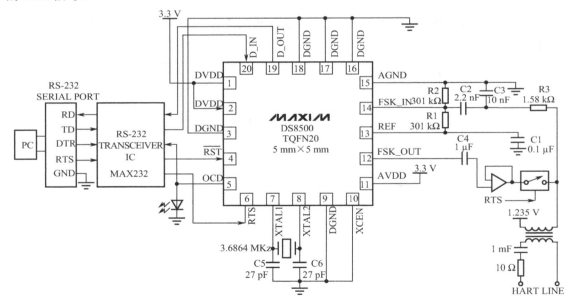

图 7-11　用 DS8500 实现 RS-232 与 HART 转换器的电路图

7.4　一种 HART 智能变送器的设计

现场总线技术和智能化仪表技术是目前自动检测与控制仪表行业发展最快的两大热门技术。传统的智能变送器是指内置单片机、对数字化的传感器信号进行非线性修正、温度补偿等处理的变送器。每一个这样的变送器都需要一对专用的传输线将其输出信号（无论模拟量还是数字量）传输到计算机。随着智能化仪表技术的发展，现场总线技术也蓬勃地发展起来了。采用现场总线技术后，所有的现场传感器或变送器只需一对传输线连接到计算机，大大简化了整个系统的布线和设计。技术人员的工作由传统的设计、布线、处理传感器的信号匹配等转变到对计算机的编程或仅仅使用现有的软件。虽然借助于各种远程智能测控模块（比如研华 ADAM 模块）也可以将多个模块挂接在一对传输导线上连接至计算机，但这种方案并不是现场总线，因为传输线上直接挂接的是这些模块（传感器再连接到模块上），而不是传感器或变送器。将多个智能变送器直接挂接在同一对传输线上再与计算机相连而无须任何模块，这样的变送器才代表了传感器和变送器的发展方向。本节介绍的 HART 智能变送器就是这样的变送器。

7.4.1　设计原理图

　　HART 协议采取主从式工作方式，主机为一台计算机，从机为一台或多台符合 HART 协议的现场总线智能变送器。当从机只有一台变送器时，即点对点方式，此时可继续使用传统的 4～20 mA 信号进行模拟传输，而测量、调整和测试数据用数字方式传输，模拟信号不受影响，仍可按正常方式用于控制目的。当从机有多台变送器时，即多站方式，此时 4～20 mA 信号作废，每台变送器的工作电流均为 4 mA，由于每一台变送器都有唯一的编号，所以主机能分别对每一台变送器进行操作，此时所有的测量、调整、测试数据等信号均用数字信号传输。无论点对点方式，还是多站方式，当使用数字信号传输时，主机必须配接符合 Bell 202 标准（相当于 V23，1200 b/s）的 Modem。

　　图 7-12 所示为 HART 智能变送器的工作原理框图。传感器经过输入信号调理电路处理后送入 A/D 转换器转换成数字信号。这些数字信号送入单片机进行处理，包括量程设置、零位设置、非线性修正、PID 调节、输出控制、符合 HART 协议的串行通信等，单片机处理后的传感器输出信号送到 D/A 转换器转换成模拟量并进一步经输入/输出级转换成 4～20 mA 信号。由于 4～20 mA 信号仅在点对点方式时有用，所以仅在点对点方式时启动 D/A 转换。单片机的串行通信口（双向）与符合 Bell202 标准的 Modem 相连。Modem 的信号还要经过信号调理电路转换成符合 HART 协议的信号，即幅度为±0.5 mA、频率为 1200 Hz 或 2200 Hz 的正弦波。

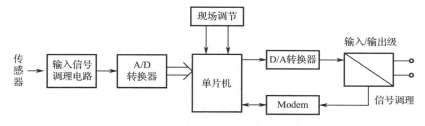

图 7-12　HART 智能变送器的工作原理框图

7.4.2　HART 智能变送器设计及实现

　　与传统的变送器或智能变送器相比，HART 智能变送器的工作原理有根本性的创新，而将其工作原理转变成现实的产品也需要重大的创新。HART 智能变送器的实现必须建立在微电子技术的发展之上，如 VLSI（超大规模集成电路）、单片机、存储器、A/D 转换器和 D/A 转换器、ASIC（专用集成电路）等。只有这样才有可能将几块集成电路芯片及少量外围分立元件装在一块电路板上，然后安装到传感器中构成现场总线 HART 智能智能变送器。

HART 智能变送器的电路图如图 7-13 所示。传感器的信号经过 AD7715 转换成 16 位串行的数字信号并输入单片机 PIC58BS。PIC58BS 对数字信号进行各种处理后，一方面将处理后的数字量送到型号为 MAX538 的 12 位串行 D/A 转换器，并经 T1、R1、RW1 转变成 0～16 mA 电流信号；另一方面与型号为 HT2012 的 Modem 进行串行通信，调制后的信号经过 T2 和 R2 后变为电流信号，解调部分的输入信号取自串在 4～20 mA 回路上的 RL（250 Ω）。RL 上的电压首先经过 1200～2200 Hz 的带通滤波器以去除各种干扰信号，滤波后的信号（正弦波）还要经过由双比较器构成的方波整形器转换成 TTL 电平再送入 Modem 的解调部分。所有电路均由一片 78L05 型三端稳压电源供电。HART 智能变送器不仅对各元器件具有高性能的要求，而且有严格的低功耗要求，所有元器件的功耗之和必须小于 4 mA。下面对 HART 智能变送器的各部分逐一进行介绍。

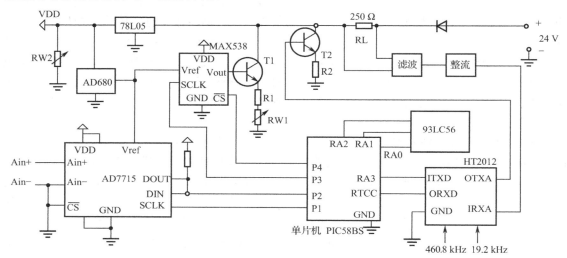

图 7-13　HART 智能变送器的电路图

1. A/D 转换器

AD7715 提供了一种低价格高分辨率的 A/D 转换功能。由于这种 A/D 转换采用∑-Δ结构，使它更加不受噪声环境的影响，从而成为工业和过程控制应用中的理想选择。AD7715 内部提供了一个增益可编程的放大器（可选增益为 1、2、32、128 倍）和一个数字滤波器，具有校准选择功能。AD7715 具有 16 位无误码的分辨率，足以满足现有各种传感器的测量精度要求。AD7715 具有一对差分模拟输入端，采用+5 V 单电源供电，它能直接处理 0～20 mV、0～80 mV、0～1.5 V、0～2.5 V 单极性信号输入，也能处理±20 mV、±80 mV、±1.5 V、±2.5 V 的双极性信号输入，再加以内置的 1～128 倍可编程放大器，所以 AD7715 输入端可以直接连接各种传感器（比如热电偶、应变电桥等）而无须放大电路，这就大大简化了变送器内的传感器信号调理电路。AD7715 采用三线串行方式与单片机连接，可完成增益设置、信号极性设置、量程设置，以及自校准和系统校准的功能。AD7715 采用 CMOS 工艺，保证器件可在低功耗下工作（电流仅为 450 μA），剩下的 3 mA 可用于变送器的其余部分。AD7715 采用标准 16 引脚 DIP 双列直插封装，因而尺寸也非常小。

2. 单片机

能用于 HART 智能变送器的单片机要求低功耗、编程简单、体积小、外围电路简单。我们选用了 Microchip 公司生产的 PIC58BS 单片机。这种单片机可采用 BASIC 语言进行编程，所以编程简单。另外，PIC58BS 单片机的晶体振荡器有很宽的适应性，使其既有低频工作的特低功耗，又有高频工作时的高速率。当晶体振荡器频率为 2 MHz（最大值）时，PIC58BS 工作电流为 2 mA，此时每秒能执行 2000 条以上的 BASIC 语句。当晶体振荡器频率降到 500 kHz 时电流仅为 0.5 mA，每秒可执行 500 条 BASIC 语句。由于变送器用于温度压力、流量、液位等缓变信号的测量，所以对单片机并没有高速率的要求。另外，由 HART 信号标准可知，每 1 位（1 或 0）的传输时间为约 0.83 ms（l/1200 Hz），而每一个测量值要用 16 位数据表示，所以传输时间为 0.83 ms×16=13.3 ms=1/75 s，即每秒传输 75 个测量值数据。也就是说，理论上 HART 协议的智能变送器能测量的参数最高频率为 75 Hz，实际上比这个频率还低得多。我们设计的变送器选择 500 kHz 的晶体振荡器频率。PIC58BS 的外围电路也极为简单，只有型号为 93LC56 的串行 EEPROM，其容量为 2 KB（256×8 位），可存放 100 条 BASIC 语句，足以装得下驱动 A/D 转换器、D/A 转换器，以及进行串行通信的程序。如果还要进行较复杂的处理，如 PID 调节、非线性修正等，可以改接型号为 93LC66 的串行 EEPROM 或者其他微功耗的 EEPROM（如 24LC×× 系列）。

3. D/A 转换器

对 D/A 转换器的要求是低功耗、尺寸小、具有足够的精度。仅仅在点对点方式时才启动 D/A 转换。D/A 转换器的输出电压经过三极管 T1、电阻 R1 及电位器 RW1 转换成 0～16 mA，再加上静态电流 4 mA，共同构成 4～20 mA 的电流信号。由于 D/A 转换器输出的是模拟量的电流，所以没有像对 A/D 转换（输出数字信号）那么高的分辨率和精度要求。12 位 D/A 转换器足以满足要求了，这相当于 16 mA/2^{12}=0.004 mA，即 4 μA 的分辨率。

MAX538 是低功耗、电压输出型、+5 V 单电源供电的串行 12 位 D/A 转换芯片。MAX538 采用 8 引脚 DIP 封装，功耗只有 140 μA。它采用串行方式与单片机连接，接口程序编写简单。当外接 2.5 V 参考电压源时，其输出电压范围为 0～2.5 V。外接的参考电压源选用低功耗三端参考稳压源 AD680。T1 选用 9014 三极管，由于 D/A 输出电压范围为 0～2.5 V，要求输出电流 0～16 mA，所以 R1 和 RW1 的阻值为 2.5 V/16 mA=1.5625 kΩ。RW1 是为现场手动调节变送器的 4～20 mA 电流输出灵敏度而设置的，这是为了方便用户以及保持与传统 4～20 mA 变送器的兼容性。实际上，仅用软件的方法就可以方便地设置和调节 4～20 mA 输出信号的灵敏度，即用 PIC58BS 来设置或改变送到 MAX538 的 D/A 转换器的数字量的值。

4. Modem

集成电路 Modem 是 HART 智能变送器的关键芯片。NCR 公司生产的 NCR20C12 以及 SMAR 公司的 HT2012 是专门为 HART 产品而设计生产的 Modem 芯片，两者可以互换，但 SMAR 的 HT2012 功耗更低、价格更低，其性能有一定改进。HT2012 为 16 引脚 DIP 封装，在 5 V 供电时电流只有 80 μA。使用 HT2012 时必须外接 460.8 kHz 和 19.2 kHz 的振荡器，这可以非常方便地用两片 ICL755 实现。由于 HT2012 的输入、输出信号均是 TTL 电平方波信号而非正弦波信号，所以要经过波形变换。HT2012 调制后的输出是幅度为 0～5 V、频率为 1200 Hz（信号 1）和 2200 Hz（信号 0）的方波电压信号，经过 T2 和 R2 后转换成 0.5 mA 的方波电流信号。由于接收电流信号的 Modem 有输入信号带通滤波器，所以不用将方波变换成正弦波。HT2012 解调部分的输入信号取自 4～20 mA 回路上串接的 250 Ω 电阻，该电阻上的电压经过带通滤波器以去除环境噪声干扰，得到 1200 Hz 和 2200 Hz 的正弦波信号。正弦波信号再经过由双比较器构成的方波整形电路转换成 1200 Hz 和 2200 Hz 的方波信号。滤波和整形电路如图 7-14 所示，带通滤波器和整形电路所用的运算放大器或比较器均选用低功耗的双运算放大器 AD8502，其电流只有 100 μA，带宽为 0.7 MHz，已足够使用了。

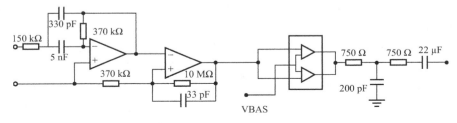

图 7-14　滤波和整形电路

　　研制符合 HART 协议的现场总线智能变送器必须深入了解 HART 协议以及现场总线的规定的细节，HART 智能变送器的用户只需了解安装、通信接口和通信软件使用问题。在国外，智能化的变送器和现场总线协议的应用已经非常普遍。遵守同一现场总线协议的智能变送器，尽管其生产厂家不同，但也可以相互操作和互换。

7.5　HART 温湿度智能变送器的设计

　　HART 智能变送器种类繁多，所涉及的领域十分广阔，而且技术更新也层出不穷，结构设计各有千秋。本节要介绍的是一种基于 HART 协议的温湿度智能变送器，将详细介绍一种用于测量温度和湿度的 HART 智能变送器的设计，包括总体系统设计方案、硬件电路设计、Modem 与外部接口、单片机的软件设计等。该变送器可以完成多个参数（如温度、湿度等）的检测，采用抗干扰能力强、通信速率高、传输数据精度高的 HART 协议通信模块电路完成变送器的数据输出，它既有 RS-485 总线通信的抗干扰能力强的特点，又符合变送器输出信号为二线制 4～20 mA 的工业标准。

7.5.1　系统整体设计方案

　　本设计的采用模块化设计，包括 5 个部分：电源模块、传感器模块、A/D 转换模块、D/A 转换模块、HART 协议通信模块。作为硬件电路的总体设计，要考虑到整个电路的功耗要求，为兼容 4～20 mA 现行标准，HART 智能变送器必须工作在 4～20 mA 二线回路中。这就意味着可用来为变送器供电的电流不能超过 4 mA。在实际应用中，为兼容数字信号与模拟信号，通常将数据频率信号通过 V-I 转换电路的调整管，转换为幅度为 ±0.5 mA 的频率信号，叠加在二线的 4～20 mA 电流环上（2200 Hz 表示 0，1200 Hz 表示 1）。由于对称特性，此信号的平均值为 0，因此模拟信号和数字信号互不干扰。但环路上电流瞬时最大值为 4.5 mA，最小值为 3.5 mA，如果向变送器供电过多，超过 3.5 mA，将导致数字信号负半周失真。考虑到调节量所需的余量，要求对变送器供电电流一般不超过 3.4 mA。

图 7-15 所示为智能变送器的硬件框图。

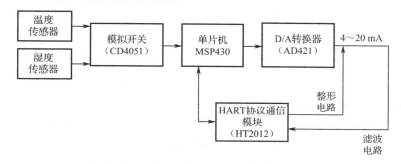

图 7-15　智能变送器的硬件框图

总之，硬件电路要力求简化，在选择芯片时，要注意到芯片间的匹配问题，否则将导致连接电路过于复杂，这是不可取的，而且这也会使成本上升和干扰信号增多，功耗也会变大。下面我们将具体介绍各个芯片的特征和功能。

7.5.2　Modem 通信模块

Modem 通信模块是本设计的一个重点。SMAR 公司生产的 HART 信号调制/解调专用芯片 HT2012，是一款符合 Bell 202 标准的单片 COMS 工艺的低功耗 FSK 调制/解调器，同类产品还有 A5191HRT、HT2013、SYM20C15 等。

SMAR 公司生产的 HT2012 是一种工作在 Bell 202 标准下的半双工 HART Modem，HT2012 芯片用来实现 HART 协议中通信信号的解调及调制过程，为过程控制仪表和其他低功耗设备提供 HART 通信能力。HT2012 的传输速率为 1200 b/s，工作频率为 1200 Hz（逻辑 1）和 2200 Hz（逻辑 0）。HT2012 的特性为：

- 符合 Bell 202 标准，通信速率为 1200 b/s；
- 工作频率为 1200 Hz 和 2200 Hz；
- 低功耗（最大为 40 μA）；
- 具有载波监听功能；
- 采用频移键控（FSK）技术；
- 采用 3～5 V 的工作电压；
- 与 CMOS 和 TTL 电路相兼容；
- 最优的伏安特征；
- 采用 CMOS 工艺制造，有 16 引脚或 28 引脚两种封装。

HT2012 的主要功能可以划分为 4 个模块：时钟模块、解调器模块、调制器模块、载波检测模块。图 7-16 给出的是 HT2012 的功能模块及其控制关系。

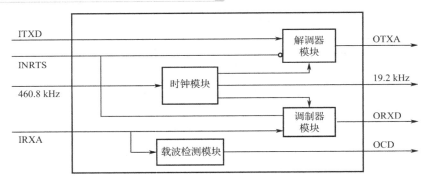

图 7-16　HT2012 的功能模块及其控制关系

1. 时钟模块

该模块接收外部输入的 460.8 kHz 时钟信号，用于建立内部时钟信号。这一频率比其他类型 Modem 的时钟频率低得多，从而大大降低了功耗。同时当某一模块不工作时，则该模块的时钟将被关闭，可进一步降低功耗，以满足低功耗的要求。正常使用时，在内部会产生 19.2 kHz 的时钟，供外部电路使用。由于 460.8 kHz 晶体振荡器不易购得，故一般采用市面上常见的 1.8432 MHz 的晶体振荡器模块，通过 CD4040B 进行 4 分频产生来 460.8 kHz 的时钟频率（1.8432 MHz/4=460.8 kHz）。晶体振荡器模块如图 7-17 所示。

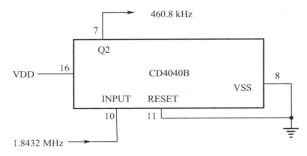

图 7-17　晶体振荡器模块

图 7-17 中的 CD4040B 是一款 12 阶的二进制计数器芯片，一般为 16 引脚的 DIP 封装。16 引脚和 8 引脚分别作为电源和地；10 引脚作为时钟输入端；11 引脚为复位端，高电平有效，其余的各脚分别作为 1～12 阶的分频输出。从 1.8432 MHz 的晶体振荡器中分频出 460.8 kHz，需要的是 4 分频（2 阶），于是从 CD4040B 的 7 引脚可获得 460.8 kHz 的时钟频率。

460.8 kHz 的时钟频率被分频后产生 1200 Hz 和 2200 Hz，分别表示逻辑 1 和 0。从 460.8 kHz 出发，分别经过 3 分频和 5.5 分频产生 153.6 kHz 和 83.5 kHz 的频率，再共同经过 70 分频后，就能够分别得到 1200 Hz 和 2200 Hz 的频率。计算公式如下：

$$460.8\ \text{kHz} \div 3 \div 70 = 2194.3\ \text{Hz}$$

$$460.8\ \text{kHz} \div 5.5 \div 70 = 1196.9\ \text{Hz}$$

其相位误差分别为 9.5° 和 5.2°。

2. 调制器模块

调制器模块的输入引脚是 ITXD，要求的信号为不归零编码（NRZ）的数字信号，经过 FSK 调制后从 OTXA 脚上输出 1200 Hz 和 2200 Hz 的方波。与解调电路相反，调制电路需要将方波信号转化为正弦波信号后，通过介质接口送到 HART 传输线上时需要经过波形整形电路处理。

调制器输出频率（在 OTXA 脚上）：正常高频为 2194.3 Hz，低频为 1196.9 Hz，调制器相位连接误差最大为±10°，在实际中，调制器输出的信号有时候会小，所以要在波形整形电路中通过单片机加以驱动。

3．解调器模块

调制/解调芯片 HT2012 产生或接收的 FSK 信号是方波，频率量反映 FSK 信号的信息。方波信号不能直接送入到 HART 传输线上，所以发送和接收信号在使用之前必须经过处理，将方波转化成正弦波。调制过程的处理包括波形整形来实现方波信号到正弦波信号的转换，解调过程的处理包括滤波来消除噪声和干扰、载波侦听，以及将接收到的正弦波信号转化为方波信号，以得到需要的 FSK 信号。

电流环路的信号在送到 HT2012 解调前要经过带通滤波电路，以防止信号的干扰。解调时，HART 的带宽从 950 Hz 扩展到 2500 Hz，在系统的前端要进行滤波，以消除在这一范围外的干扰。采用带通滤波器滤除其他频率后，再进行波形转化，将正弦波信号转化为方波信号后输入 HT2012 的解调器模块进行解调。

将经过波形转化后的方波信号从引脚 IRXA 输入，解调后从引脚 ORXD 输出，HT2012 输入和输出都是数字信号。要求输入 FSK 调制方波信号的数字脉冲，输入频率为 1200±10 Hz 和 2200±20 Hz，波形的不对称性为 0，解调为逻辑"0""1"输出，解调器的偏差为 1 位时间的±12%。

解调的具体条件是：输入频率为 1200±10 Hz、2200±20 Hz；时钟频率为 460.8 kHz（±1%）；输入（IRXA）的不对称性为 0；解调器偏差为 1 位时间的±12%。

4．载波检测模块

首先，我们必须明确：载波侦听的主要目的是载波检测，它并不用于确认某个消息帧的开始或者结束，消息帧的开始或者结束的检测是数据链路层的功能，它必须通过分析消息帧的内容来确定。对于像 HT2012 这样的全数字式的 HART Modem 芯片来说，接收时，在 Modem 芯片的前面必须加带通滤波器滤除直流成分和实现正弦波信号到方波信号的转化，这是解调模块的外围部分；而对于载波侦听来说，它决定带通滤波器输出后的解调模块是否工作受载体侦听的控制。

载波检测的频率范围为 1000～2575 Hz。当 IRXA 上的信号频率在此范围内时，载波检测信号 OCD 必定为低（逻辑 0）。

从载波输入到载波检测的时间：最小为 9.0 ms，最大为 14.4 ms，即从 IRXA 上有效载波信号开始到 OCD 变为逻辑 0 的时间。

从载波卸载到停止载波检测的时间：最大为 1.68 ms，即从 IRXA 上有效载波信号的消失开始到 OCD 变为逻辑 1 的时间。

载波检测条件：时钟频率为 460.8 kHz（±0.10%），输入（IRXA）的最大不对称性为 5.0%。

7.5.3　HT2012 在 HART 协议中的应用

HART 设备在发送 4～20 mA 的模拟信号时，同时发送 HART 数字信号，HART 信号是叠加在 4～20 mA 低频信号上的高频载波信号。现场设备通过调制过程回路电流上的 HART 信号来发送信息，通过解调过程回路电流上的 HART 信号来接收信息。HT2012 在 HART 设备中的应用如图 7-18 所示。

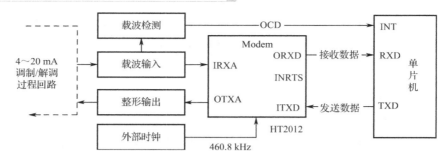

图 7-18　HT2012 在 HART 设备中的应用

HT2012 将 HART 设备中转换好的数据通过输入/输出电路以半双工的方式来发送和接收，其接口电路主要包括载波放大输入电路、通信载波检测电路和载波输出适配电路三个部分，如图 7-19 所示。

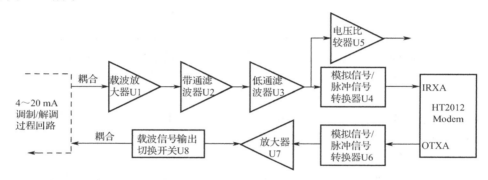

图 7-19　HT2012 输入/输出电路示意图

1．载波放大输入电路

载波放大输入电路主要包括载波放大器 U1、带通滤波器 U2、低通滤波器 U3 和模拟信号/脉冲信号转换器 U4 四部分。

载波放大器 U1：载波输入信号通过变压器耦合后传输到载波放大器，经过长距离传输后，信号有较大衰减并感应了噪声信号，同时输出阻抗很大。因此，载波放大器 U1 会对载波输入信号进行阻抗匹配和放大。

带通滤波器 U2：其主要功能是抑制低频模拟信号的输入，确保数字信号的接收不受干扰。此外，带通滤波器可衰减接收信号上的感应噪声，将高于 2600 Hz 以上的高频成分衰减，防止对接收频带干扰。带通的起始频率为 800 Hz，截止频率为 2600 Hz。

低通滤波器 U3：其功能是滤掉高频噪声信号，并放大有用信号。

模拟信号/脉冲信号转换器 U4：其功能是将 U3 输出的模拟信号转换为脉冲方波信号，并送到 HT2012 进行解调。

2．通信载波检测电路

通信载波检测电路通过电压比较器 U5 判断回路上是否有载波信号，如果有，则载波放大输入电路中 U3 的输出信号可以将载波信号检测出来，并向 CPU 申请中断，通知 CPU 启动串口 RXD 接收信号。当控制回路上无载波信号时，OCD 信号输出为 0，不会引起 CPU 中断。

3．载波输出适配电路

载波输出适配电路主要包括脉冲信号/模拟信号转换器 U6、放大器 U7 和载波信号输出切换开关 U8。U6 的功能是将 HT2012 输出的脉冲信号转换为模拟信号，这是由于在发送信号电路中，当 INITS 信号为低电平时，调制/解调器发出的是一个 OTXA 的方波信号。此模拟信号经过放大器 U7 处理后送到载波信号输出切换开关 U8，最后通过变压器耦合到 4～20 mA 的电流上。此外，载波输出适配电路使方波信号跳变边沿的尖刺变得平滑，使寄生频率和高频谐波减至最小，避免由方波信号跳变沿周围的噪声所引起的干扰。

7.5.4　MSP430 与 HT2012 的接口设计

MSP430 与 HT2012 接口如图 7-20 所示。MSP430 通过其串行通信端口 TXD、RXD 与 HT2012 的串行通信端口 ITXD、ORXD 进行数据通信。MSP430 的 P3.2 引脚和 P3.3 引脚是 I/O 端口，P3.3 引脚负责控制 HT2012 的调制和解调，当此引脚输出为 0 时，HT2012 的解调器关闭，调制器打开，实现 MSP430 数据的发送；当此引脚输出为 1 时，HT2012 的解调器打开，调制器关闭，实现 MSP430 对外部数据的接收。MSP430 的 P3.2 引脚负责检测外部的信号，当 HT2012 的 OXTA 端有 1000 Hz～2575 Hz 频率信号时，HT2012 的 OCD 端就输出 1，从而判断 HART 协议总线是否繁忙。

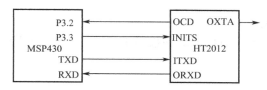

图 7-20　MSP430 与 HT2012 接口

7.5.5　HT2012 与外部接口

HART 数字信号规范是峰值为 1 mA、平均值为 0 mA 的正弦交流电流信号，此信号经线路阻抗转化为正弦交流电压信号，而 HT2012 输入信号和输出信号是 0～5 V 的方波信号，因此在 HT2012 和外部的 HART，信号之间还需要有带通滤波电路和整形电路。

1．带通滤波电路及其分析

带通滤波电路如图 7-21 所示，包括由放大器 TLC27 组成的带通滤波电路和由比较器 TLC37 组成的数字方波转换电路。带通滤波电路用来减少接收信号的噪声干扰，还用来消除波形中的尖峰，从而使接收到的信号变得平缓。TLC37 组成的数字方波产生转换电路把经过 TLC27 滤波后的正弦波信号转变成相应的方波信号，以便于 HT2012 接收。

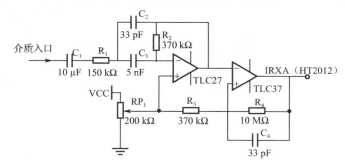

图 7-21　带通滤波电路

2. 整形电路及其分析

HT2012 调制后的输出信号幅度为 0～5 V、频率为 1200 Hz（代表 0）和 2200 Hz（代表 1）的方波信号。缓冲器 74HC126 的作用是使方波的上升沿和下降沿趋于平缓，使信号满足 HART 协议物理层规范所要求的信号波形上升沿和下降沿的时间要求，因为较平缓的上升沿和下降沿时间可以降低与其他网络间的串扰。图 7-22 所示为整形电路图。

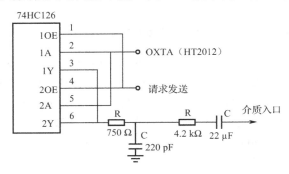

图 7-22　整形电路

3. HT2012 的接口电路

根据以上分析，可以得出 HT2012 的接口电路，如图 7-23 所示，这里使用运算放大器 TLC27L2C 组成比较器。

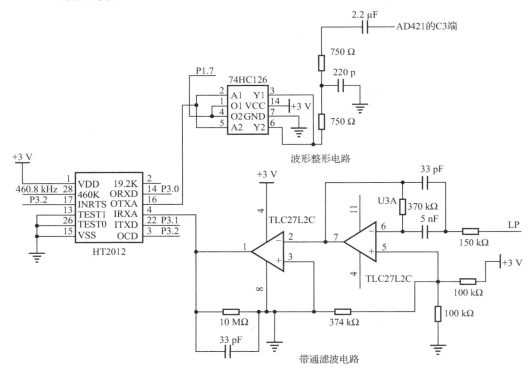

图 7-23　HT2012 的接口电路

7.5.6　单片机 MSP430 性能

MSP430 是 TI 公司推出的 16 位超低功耗微处理器，具有处理能力强、运行速度快、低功耗、指令简单等优点，采用了 JTAG 技术、Flash 在线编程技术、BOOTSTRAP 等诸多先进技术，具有很高的性价比，取得了广泛的应用。

由于采用了 TI 公司最新的低功耗技术，使 MSP430 在众多的微处理器中独树一帜，并在电池供电便携式设备的应用中表现出非常优良的特性。MSP430 也具有非常高的集成度，单片集成了多通道 A/D 转换、片内精密比较器、多个具有 PWM 功能的定时器、片内 UART、看门狗定时器、片内数控振荡器 DCO、大量的 I/O 端口以及大容量的片内存储器，并且开发简单。

MSP430 芯片主要的优点有：

（1）低功耗，内置了功耗极低的快速闪存。在正常的工作状态下，如果工作电压是 2.2 V，其典型电流消耗仅为 250 μA，在待机模式下工作电流可以降到 1 μA 以下。可以通过设定 CPU 状态寄存器 SR 使芯片工作在不同的低功耗模式下。

（2）MSP430 内置了 2 KB 的 RAM 和 32 KB 的可擦除 Flash ROM，可在线写入擦除 5 万多次。

（3）内部有一个 8 通道的 12 位逐次逼近型 A/D 转换器，参考电压可选（可选择内置精确参考源，也可选择外接的参考源），A/D 转换器可以在不需要 CPU 的干预下独立完成 A/D 转换功能。

（4）精确的定时功能，MSP430 内部有 2 个时钟源可选的定时器，每个定时器有 2 个中断向量，可以响应 5 个优先级排列的定时中断，有 4 种不同的定时模式。

（5）MSP430 自带一个 Watchdog（看门狗定时器），当程序遇到未知错误发生"死机"时，CPU 响应 Watchdog 中断，系统自动复位。

（6）内置 16 位硬件乘法器，可以方便快速地执行 8 位或者 16 位 MPY（无符号乘法）和 MAC（无符号乘加）操作，不需要额外的时钟周期。执行乘法操作只需将两个操作数分别存入乘法器地寄存器中，用户在输入第二个操作数之后就可以读取结果了。

7.5.7　MSP430 与 D/A 转换芯片 AD421 的接口设计

AD421 是 ADI 公司生产的低功耗 16 位 D/A 转换芯片，其内部集成有 D/A 转换、V/I 转换和电压调整电路。AD421 的接口电路如图 7-24 所示，其中 LATCH 为锁定线，连接到单片机的 P1.4 引脚；CLOCK 为时钟线，连接 P1.3 引脚；DATA 为数据线，连接 P1.0 引脚。AD421 操作时序如图 7-25 所示，当数据写完后，LATCH 锁定线产生一个上升沿脉冲，将数据写入，否则写入数据无效。

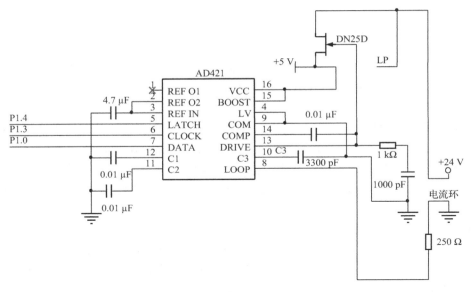

图 7-24　AD421 的接口电路

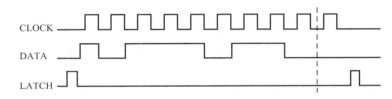

图 7-25　AD421 操作时序图

7.5.8　智能变送器的软件设计

该软件设计可以分为两大部分：测控程序和 HART 协议通信程序。

测控程序主要包括数据采集、数据处理、控制运算、输出控制和自我诊断等部分。程序通过组态信息来判断采样信号的类型，自动设置采样的放大倍数；针对不同传感器的类型选择相应的非线性补偿，实现量程转换、冷端温度补偿等功能；通过一些简单的控制模块，如 PID 等，实现仪表的控制运算；输出控制完成 4～20 mA 的环路电流，能实现阻尼输出，并可结合自我诊断程序实现高压报警输出（>22 mA）或低压报警输出（<3.8 mA）。

HART 通信程序主要包括 HART 协议数据链路层和应用层的软件实现，是整个 HART 智能仪表软件设计的关键，仪表的可互操作性也在这里得到了体现。由于 HART 通信为主从方式，所以变送器只有在主机询问时才应答（突发模式除外）。为保证通信响应的实时性，智能变送模块的通信程序采用串口中断接收和发送。

HART 协议数据链路层的软件主要是串口接收/发送中断子程序。串口每中断一次，就接收或发送一个字节。一般一帧数据最长为 33 个字节左右。在 HART 通信过程中，通常由主机先发送命令帧，智能变送器通过串口中断接收到命令帧后，由 CPU 进行相应的数据处理；然后把要返回的应答帧内容放入发送缓冲区，再由 CPU 触发发送中断，发送应答帧，从而完成一次命令的交换。

由于通信距离较长或各种环境的干扰，传输的数据信息有可能发生差错，HART通信采取水平校验和垂直校验方法。当变送器检测到接收数据有错时，则等到主机命令帧发完以后，变送器返回至有相应错误状态位的应答帧，通知主机数据接收有误，主机则重发命令帧，从而保证通信的准确可靠。

HART协议应用层的软件对收到的命令帧进行翻译和处理，如字节流与浮点数、整数、字符串之间的相互转换，然后根据各自的命令号进行相应的命令处理，如转换量程、单位和阻尼时间等，最后把应答帧按一定的格式放入发送缓冲区，由串口中断发回。如果有通信错误或命令错误时，则返回报告错误的应答帧。下面分别简单介绍一下软件设计流程图。

1. 用户测控程序总体流程

要实现变送器的智能化，必须实现以下基本功能。

（1）软件组态：实现不同传感器要求的组态。

（2）参数设定：对不同传感器测量参数进行设定。

（3）自校正和自诊断：可根据实时工况进行某些参数的自动校正。

（4）显示功能：实现各种诊断码瞬时温/湿度、平均温/湿度或温/湿差等参数的多种显示。

（5）可提供非测量用的管理参数：如制造商代码、设备类型代码、设备标识码、软件版本号等。

变送器的测控程序主要包括A/D转换器采样程序、非线性补偿程序、信号输出程序、参数设定程序等。程序模块的分工并不意味着程序在实现具体功能上的分工，例如在对噪声平衡项进行参数设置时，实际上也是实现噪声平衡调整程序的功能，各程序模块之间互有影响，往往一个参数的设置会影响若干其他参数的设置，从而也就影响了这些参数对应的具体功能的实现。测控程序的总体流程如图7-26所示，图中的初始化包括堆栈指针的定位、中断模式的选择、中断优先级的确定、寄存器区的选择、定时器及其工作方式的选择、定时器的初始化等。

在一般模式下，CPU完成对温/湿度信号的采样计算，再正常显示；而在设置参数模式下，CPU主要运行用户为了设定各种参数而必需的特殊的显示程序。每次在用户设定完某特定参数项的数值返回到一般模式时，该参数项就会对CPU的测量计算或控制产生作用，用户通过设定参数的数值采样，保证了温/湿度计算的准确性。

系统设计中，采用了MSP430，每一个来自外部中断的标准方波信号将触发INTO，采用下降沿触发中断，在中断服务子程序中计算温/湿度信号，为输出电流信号做准备。

2. 参数设置流程

参数项由参数类和参数号组成。参数类用来指示参数的类别，共分成B、C、D、E、G和H共6类，B类用于如传感器的种类的设置等；C类主要用于单位的设定，如摄氏、华氏等；D类主要用于对非常规参数值进行设置；E类主要用于设置与温/湿度显示有关的参数值，如显示方式的选择等；G类主要用于观察某些变量的值；H类参数主要用于控制数字电位器的状态和对电流输出进行微调等。参数号用来具体指明某一个参数，以便区分。当设置完参数项后，程序就根据已设置的参数类和参数号跳转至相应的处理模块，执行相应的功能。参数设置流程如图7-27所示。

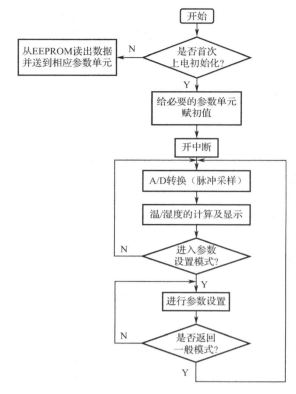

图 7-26 测控程序的总体流程

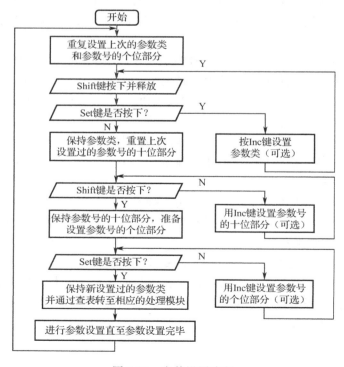

图 7-27 参数设置流程

3. HART 数据采集程序流程

上位机数据采集的程序流程如图 7-28 所示。

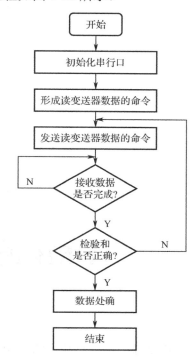

图 7-28　上位机数据采集的程序流程

4. 变送器数据发送流程

图 7-29 所示为变送器数据发送流程。

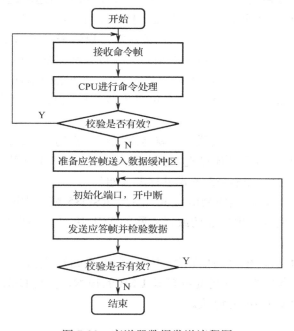

图 7-29　变送器数据发送流程图

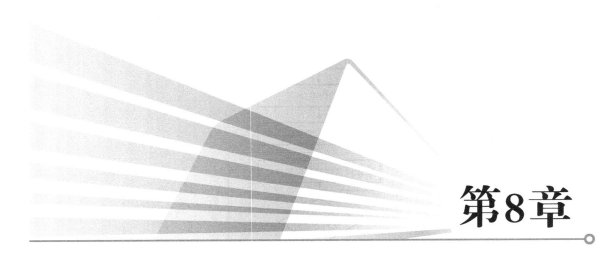

第8章

USB 通信技术应用

提到串行总线，人们最常见的就是通用串行总线（Universal Serial Bus，USB）。每一台计算机，甚至每一部智能手机都有 USB。USB 是连接主机（计算机或智能手机）与外部设备之间的主要通信接口，外部设备包括鼠标、键盘、U 盘、摄像头等。

首先认识一下 USB 的通用性，也就理解了 USB 的重要性。通用串行总线（USB）是一种很"通用"的串行总线接口，可以转换出各种接口。按照用途的通用性，对几种常用的外部接口进行排序：USB≥以太网口>串口>PS/2、打印口等。USB 口可以方便地转换出以太网口、串口以及 PS/2 口、打印口甚至音频、视频口等。反过来，串口以及 PS/2 口、打印口等则无法生成 USB，因为 USB 的规范更加复杂。只有以太网口加上电源才可以生成 USB 口，并且这种转换器还需要专门的 PC 端软件支持。当然计算机的内部总线接口通用性最好：台式机的 PCI 口、笔记本的 PCMCIA 口完全可以生成 USB 口，而且只须驱动程序，无须专门的 PC 端软件支持。

要说 USB 与串行通信有什么关联，那就是现在计算机的 RS-232 和 RS-485 几乎都是通过外插 USB 扩展出来的，而不是计算机本身自带的。既然 USB 可以方便地转换为 RS-485，那么 USB 就可以间接地通过 RS-485 方式进行串行通信。

归根结底，USB 口可以转换成为串口 RS-232、RS-485 或以太网口，通信介质也包括电缆和光纤，通信协议也就变成串行通信或以太网的 TCP/IP 了，不再是 PC USB 与 USB 设备之间的通信协议了。

虽然 USB 的功能强大，但是通信距离很短（小于 5 m），通信协议复杂，不便于实现总线式多机通信，所以本章将探讨通过光纤延长 USB 的技术，以及 USB 隔离和多 USB 共享的技术，这些技术都不改变 USB 的协议。

8.1 通过光纤传输 USB 信号

本节的内容基于作者的专利"一种通过光纤传输 USB 信号的电路"的内容，专利号为 ZL02284434。由于目前计算机的 USB 信号使用电缆传输，所以通信距离难以延长，一般不超过 5 m，即使加多级 USB HUB 也无法超过 30 m。本方案克服了现有电缆传输 USB 信号距离短的缺点，从而提供一种通过光纤传输 USB 信号的电路，可使 USB 的通信距离增加到几十千米。

8.1.1　实现原理

本方案是一种通过光纤传输 USB 信号的电路，通过光强度的三个等级（全亮、半亮、暗）分别代表 USB 数据线的三种状态，当光的强度最低时（暗）代表 USB 数据线的闲置状态。先发送 USB 信号的一方由于其 USB 的数据状态先改变，其状态的改变通过光纤传输到对方的接收电路，并产生一个下降沿（或上升沿）来触发一个单稳电路，此单稳电路的输出控制 USB 信号的"收发"允许。

8.1.2　将 USB 信号转换为便于光纤传输的信号

（1）将 USB 信号（D+、D−）转换为光纤传输信号。图 8-1 所示为将 USB 信号（D+、D−）转换为光纤传输信号的原理框图。USB 信号检测电路 1 将 D+和 D−变换为"或"门输出 DOR1 和差分比较器输出 RCV1。双可控三态缓冲器 2 通过控制端 EN 来控制逻辑"通"与"断"。当 EN=0 时，DOR=DOR1、RCV=RCV1；而当 EN=1 时，DOR 和 RCV 为高阻状态。激光发射驱动电路 3 将 DOR 和 RCV 转换为三种激光强度（亮、半亮、暗）。激光接收电路 4 将接收到的三种激光强度（亮、半亮、暗）恢复为 D+和 D−的三种状态。激光接收电路 4 的输出之一 H 的状态变化触发单稳延时电路 5。单稳延时电路 5 的输出 EN 平时（即 USB 信号处于闲置状态时）为 0，当其输入 H 有下降沿（即由 1 变为 0）时输出 EN 由 0 变为 1 并且保持 1000 μs 左右，然后恢复为 0。另一双可控三态缓冲器 6 通过控制端 EN 来控制逻辑"通"与"断"，当 EN=1 时，双可控三态缓冲器 6 输出 VP=H、VM=L；当 EN=0 时输出 VP、VM 为高阻状态。

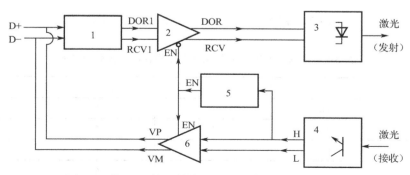

图 8-1　将 USB 信号转换为光纤传输信号的原理框图

（2）将 USB 信号转换为光纤传输信号的电路图。图 8-2 所示为将 USB 信号转换为光纤传输信号的电路图。假设 USB 为全速状态（12 Mb/s），此时 D+通过大约 1.5 kΩ 的电阻连接 +5 V 的电源信号，平时 USB 信号处于闲置（Idle）状态，此时 D+为 1（高电平，3～5 V），D-为逻辑 0（低电平，0～1.4 V）。IC1 为"或"门，IC2、IC4、IC5 和 IC6 为可控三态缓冲器。其中，IC2 和 IC4 在其控制信号 EN 为 0 时导通，而 IC5 和 IC6 在其控制信号 EN 为 1 时导通。由于 IC2 和 IC4 在不导通时（即 EN 为 1 时）输出为高阻状态，所以在 IC2 的输出端加了上拉电阻 R1、在 IC4 的输出端加了上拉电阻 R2。IC3、IC10 和 IC11 是比较器。IC7 是单稳触发电路，由输入端（信号 VP）在下降沿时触发，输出 EN 平时为 0。当 IC7 的输入端出现一个下降沿时，其输出端将出现一个持续时间大约为 1000 μs 的 1 状态，然后恢复为 0。IC7 的输出信号 EN 通过控制 IC2、IC4、IC5 和 IC6 来控制 D+、D-的"收发"状态。由于 EN 平时为 0，所以平时允许接收 D+和 D-（IC2、IC4 导通），而禁止发送信号到 D+和 D-上（IC5 和 IC6 输出为高阻态）。IC8 是一个复合逻辑电路，其输入、输出以及激光发射二极管的激光强度关系如表 8-1 所示。

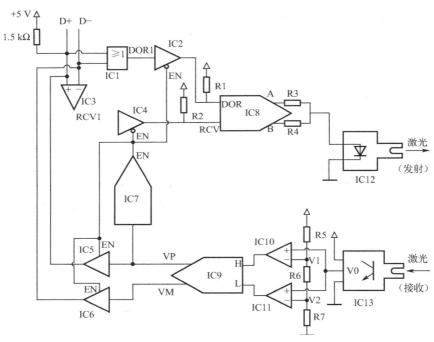

图 8-2　将 USB 信号转换为光纤传输信号的电路图

表 8-1　输入、输出以及激光发射二极管的激光强度关系

输　　入		输　　出		
RCV	DOR	A	B	光强
X	0	1	0	半亮
0	1	1	1	全亮
1	1	0	0	暗

（表中的 X 表示任意状态，即 1 或者 0 均可）

IC8 的输出 A 和 B 是具有足够电流驱动能力的电压,通过电阻 R3 和 R4 送给激光发射电路 IC12。IC12 的输出激光强度大致正比于输入电流。当 A 和 B 同时为 1 时,通过 IC12 的电流最大,所以此时激光强度状态称为全亮。当 A 为 1、B 为 0 时,电流只有大约一半,此时激光强度状态为半亮。当 A 为 0、B 为 0 时,电流为 0,此时激光强度状态为暗。IC13 为激光接收电路。由于本专利描述的电路是需要成对使用的,即在相互通信的两个 USB 口各加一个 USB 转光纤的电路,所以 IC13 接对方电路(IC12)的激光(通过光纤)。IC13 的输出为与接收到的激光的强度大致成正比的电压。无接收激光时(即对方发射的激光强度为暗),IC13 的输出大约为 0。由于比较器 IC10、IC11 的负端输入电压都大于 0,所以 IC10 和 IC11 的输出的逻辑状态均为 0,即 H=0 且 L=0。当对方激光发射强度为全亮时,IC13 的输出电压比 V1 和 V2 的值都大(V1、V2 的值都可通过调节电阻 R5、R6 和 R7 的阻值得到),所以 IC10、IC11 的输出的逻辑状态为 H=1 且 L=1。当对方激光发射强度为半亮时,IC13 的输出电压比 V1 的值大而比 V2 的值小,所以 IC10、IC11 的输出的逻辑状态为 H=0 且 L=1。IC9 是一个复合逻辑电路,其输入与输出以及接收激光强度的关系如表 8-2 所示。

表 8-2　输入、输出以及接收激光强度的关系

输　　入			输　　出	
光强	H	L	VP	VM
半亮	0	1	0	0
全亮	1	1	0	1
暗	0	0	1	0

8.1.3　信号的处理方式

对于全速 USB 的信号,平时闲置状态(Idle)时 D+为逻辑 1、D-为逻辑 0,所以 IC1、IC2 的输出为 1,IC3、IC4 的输出为 1,这样根据表 8-1 可知,输出激光强度为暗。当激光强度为暗时,根据表 8-2 传到对方电路的激光接收电路并经过对方电路的 IC9 后的输出为 VP=1、VM=0。一旦 USB 开始传输数据,则 D+和 D-的信号逻辑状态发生变化。全速 USB 的信号状态变化为:D+由 1 变成为 0,D-由 0 变成为 1。上位机的 USB 信号状态先出现变化,此时 IC1 和 IC2 的输出仍然为 1,IC3 和 IC4 的输出变成为 0。根据表 8-1,激光发射电路将由暗变成为全亮。全亮的激光通过光纤传到对方电路(与本专利描述的一样)的激光接收电路。根据表 8-2,对方电路的 VP 由 1 变为 0,VM 由 0 变为 1。对方电路的 VP 由 1 变为 0,就是说这个 VP 产生了一个下降沿,从而触发了对方电路的 IC7,使 IC7 的输出 EN 由 0 变为 1,并且大约保持 1000 μs(然后又恢复为 0)。对方电路的 VM 由 0 变为 1,从而使对方电路的 USB 信号由禁止发送(EN=0)变为禁止接收(EN=1)。此时对方电路的 VP 和 VM 可以通过对方电路的 IC5 和 IC6 传给 D+和 D-,从而使上位机的 USB 信号在 1000 μs 内通过光纤传到对方电路(即下位机)的 D+和 D-线上。在这 1000μs 内可以过光纤传输三种 D+和 D-状态:

① D+为 1 且 D-为 0(代表闲置状态以及数据 1);

② D+为 0 且 D-为 1(代表数据 0);

③ D+为 0 且 D-为 0(代表数据传输结束标志)。

这三种状态可以表达 USB 信号的所有状态(D+为 1 且 D-为 1 的状态是禁止的)。前面

已经描述了如何通过激光强度的暗代表状态①、全亮代表状态②。而状态③恰好是通过激光强度的半亮来表示的，具体描述如下：当D+和D-处于状态③时，D+和D-都为0，IC1和IC2的输出为DOR=0，根据表8-1，此时激光发射电路的强度为半亮。半亮的激光传输到对方电路的IC12并且经过对方电路的比较器IC10和IC11，输出为H=0、L=1。根据表8-2，对方电路IC9的输出VP=VM=0。而在单稳电路输出为1的1000 μs内正好将这个状态③传输给对方电路的D+和D-（均为0）。在大约1000 μs的时间内，恰好上位机向下位机传输一帧USB数据完毕，并且等待下位机回传应答信号。1000 μs结束后，下位机的IC7的输出EN恢复为0，此时下位机的USB数据状态先变化。下位机的USB数据传输到上位机的过程与前面描述的上位机的USB数据传输到下位机的过程完全一样。

对于低速USB（1.5 Mb/s），闲置状态为D+为0且D-为1。开始传输数据时，D+由0变为1且D-由1变为0。同时由于传输一帧数据的时间增加了，所以单稳电路的延时时间要相应增加。IC8复合逻辑电路改为闲置状态时输出激光强度为暗（即不发光）。USB大部分时间为闲置状态，此时激光发射电路不发光，这样能够延长激光发射电路的工作寿命，并且也节省功耗。USB数据传输结束的标志还是D+为0且D-为0。由于IC8复合逻辑电路的逻辑关系改变了，所以相应的IC9复合逻辑电路的逻辑关系也要改变，以便产生下降沿输出，以及能够将D+和D-的状态在对方电路的D+和D-线上正确恢复。对于高速USB（480 Mb/s），由于传输一帧数据的时间减少了，所以单稳电路的延时时间要相应减小。

系统设计完成后，根据电路中的时序要求，经仿真调试并且在远端可以复现USB信号。本电路可以用于各种USB外部设备，而且不改变原来的驱动程序。

8.1.4 用光纤实现 USB 远程通信的其他方案

当USB的通信距离超过几十米后，采用电缆连接方案甚至无线方案就无法实现了，目前只有光纤可以实现USB的远程通信。本节介绍的就是另外几种通过光纤实现USB的远程通信的方案。

（1）工业通信用的 USB-串口光纤通信方案。在一些工业通信的场合，数据量不大但实时性要求高，往往采用串行通信，通信协议为RS-232或者RS-485。工业计算机的USB可以通过光纤以 RS-232 协议进行串行通信。这时可以选用微型 USB/光纤转换器，典型产品是OPTU232L1，该产品可直接从 USB 转换出一对光纤收发头，用于传输串口信号，而且无须供电。由于OPTU232L1传输的还是串口信号，所以必须成对使用或者与其他串口/光纤转换器配对使用。OPTU232L1的传输介质为多模光纤，在 Windows 下需要安装驱动程序。这种方案大大简化了 USB 的光纤远程通信，图 8-3 所示为 USB-光纤-USB 的通信图。两边的计算机都配置好微型 USB/光纤转换器并且连接好后，采用串口调试助手软件或者其他串口通信软件就可以传输数据了。

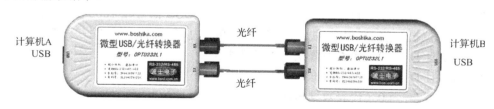

图 8-3 USB-光纤-USB 的通信图

（2）采用微型以太网光纤收发器实现的光纤通信方案。方案（1）的两边都是计算机，都能够安装驱动程序。如果上面的应用中仅有一边为计算机，而另外一边为 USB 设备呢？由于 USB 设备不能够安装驱动程序，就必须采用其他的 USB 光纤通信方案。

波仕电子的微型以太网光纤收发器可直接接入外插计算机的 USB，无须外接电源，支持单模和多模光纤。型号为 OPET110U 的微型以太网光纤收发器可以将 USB 转换为标准的 100Base-FX 光纤进行传输，而另外一款型号为 OPET100L 的微型以太网光纤收发器可以将标准的 100Base-FX 光纤转换为以太网 RJ-45 口。OPET110U 和 OPET100L 外形一样，不仅颠覆了传统以太网光纤收发器的尺寸和外形，屏弃了传统的大方铁盒的外形，还创造了在单模光纤和多模光纤中都可以传输的技术。

图 8-4 所示为 USB 光纤延长器全套产品，计算机 A 有 USB，OPET110U 与 OPET100L 配合使用可实现远程光纤复现 RJ-45 以太网口，最后将 USB/以太网转换器接入微型以太网光纤收发器 OPET100L 的以太网口，这样就可以在远端连接 USB 设备。比如插上 U 盘等，我们会发现这时结果与直接接入计算机的 USB 时是一样的。OPET110U 与 OPET100L 之间连接的光纤最远可达到 40 km（单模），这样就实现了 USB 的光纤远程通信。

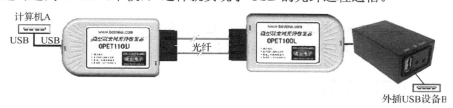

图 8-4　USB 光纤延长器全套产品

USB 的标准通信距离（最远 5 m）是 USB 的缺陷，遗憾的是，USB 3.0 虽然将传输速率的理论值从 USB 2.0 的 480 Mb/s 提高到了 5.0 Gb/s，电缆从 4 芯增加到了 9 芯，而标准通信距离却从 5 m 减少到了 3 m。也就是说，当 USB 3.0 的通信距离超过 3 m 时，可能唯一有效解决的方法就是光纤。这可能也是在 USB 3.0 规范中考虑光纤通信接口的原因。

8.2　USB 信号的光电隔离

当一台计算机接多个 USB 外部设备时，如果这些外部设备或者连接电缆中有高电压干扰，就可能会烧坏计算机的 USB 甚至主板。

USB 信号的光电隔离问题一直没有得到解决的两个主要原因是：

（1）从技术上实现 USB 光电隔离很困难。现在的鼠标和键盘几乎都使用 USB，但是从原理上讲，USB 的光电隔离是非常困难的。USB 的光电隔离技术的难点在于缺少 USB 的方向信号，而 USB 的两个信号线 D+和 D−又是不分方向的。

（2）成本原因：传统的鼠标、键盘使用的 PS/2 口虽然是单向传输的信号，但是增加 DC/DC 隔离以及光电耦合器的成本，可能已经大大超过了产品本身的成本。

8.2.1　USB 光电隔离器

型号为 BS-USB4 的 USB 光电隔离 HUB（集线器）就是用来实现 USB 光电隔离的产品，不仅可隔离信号 D+和 D−，而且可隔离电源和地。BS-USB4 使用非常简单，与普通的 USB HUB 是一样的，大小也差不多。BS-USB4 产品的上位机侧（B 型 USB 座）通过 USB 电缆（打印线）外插计算机的 USB 插座。BS-USB 产品的下位机侧为 4 个 A 型插座，都可以外接 USB 设备，如 U 盘、USB/RS-232 转换器、USB 鼠标、键盘等。也就是说，当 BS-USB4 外插计算机的 USB 时，BS-USB4 就相当于是 4 个已经隔离的 USB。由于 BS-USB4 自带 DC/DC 隔离电源并且自耗一定功率，所以对外驱动能力略小于原计算机 USB 的驱动能力。BS-USB4 特别适合具有 USB 的医疗仪器、高电压数据测控设备、人机接口设备等。BS-USB4 仅仅是一个透明的物理隔离，与计算机操作系统无关。

型号为 BS-USB4 的 USB 光电隔离 HUB（集线器）的外形如图 8-5 所示。

本节介绍的就是对 USB 的隔离保护技术，包括 USB 信号 D+和 D−的隔离，以及 USB 电源和地的隔离。

图 8-5　BS-USB4 的外形

8.2.2　USB 光电隔离技术

把图 8-1 的内容再"复制"一份，作为另外一个 USB 信号（D+、D−）转换为光纤传输信号的框图。再将这两个图的"激光发送"连接对方的"激光接收"、"激光接收"连接对方的"激光发送"。图 8-6 所示为 USB 光电隔离器的原理框图。我们知道，不经过光纤，而是把半导体激光器发送的激光直接照射到半导体激光接收器上，这就是光电耦合器。图 8-6 所示的方案中用到了两个光电耦合器。

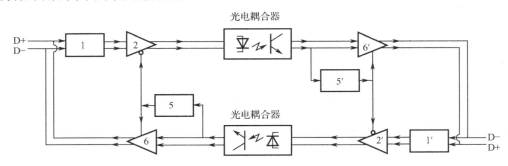

图 8-6　USB 光电隔离器的原理框图

USB 光电隔离器的具体实施电路与图 8-2 的相似，是两个图 8-2 所示内容的组合。不同之处在于把激光发射电路与对方的激光接收电路合并在一起、把激光接收电路与对方的激光发送电路合并在一起，可采用两个光电耦合器，不再需要光纤。USB 光电隔离器的电路图如图 8-7 所示。

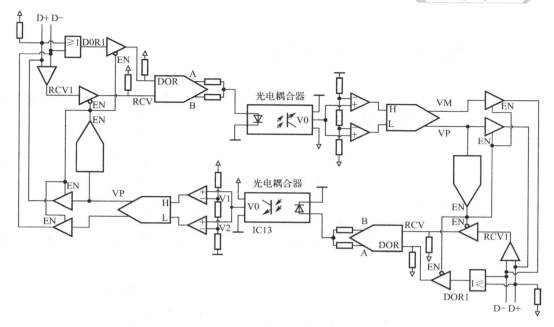

图 8-7　USB 光电隔离器的电路图

8.2.3　USB 信号线的有待改进之处

当初 USB 的出现是为了统一计算机的各种外设接口，取代 PS/2、键盘接口、打印接口等，特别是取代苹果的 Fieware（火线），甚至 IEEE-1394 口。为了在与后者的竞争中取得优势，USB 的引脚数就不可能多于后者的 4 个。而地线、电源线就占了 2 个，信号线就有 2 条了。这与传统的 PS/2、RS-232、打印接口、以太网口都有空余线的做法大不相同。同时这样做的结果就使得 USB 的改进（除了速度改进）空间很小，特别是光电隔离的改进非常困难。USB 的光电隔离技术改进的难点就在于缺少 USB 的信号方向，而 USB 的两个信号线 D+和 D-又是不分方向的。USB 信号的方向是靠 D+、D-两个信号的幅值来判断的。在 USB 光电隔离方案中，难点在于将 USB 信号怎样分开为发送与接收两部分。如果 USB 本身有一个能够表明数据是发送还是接收的信号线，那么 USB 的光电隔离和光纤传输技术就好解决多了。

现有的 USB 2.0 以及 USB 3.0 版本中都缺少一条表明 USB 信号方向的信号线，而指望 USB 标准增加专门的方向标志线是不现实的。作者认为 USB 标准最有可能改进的地方是电源线（+5 V）。目前的电源线永远是固定的+5 V（或者低电压版的+3.3 V），其实可以在这根线中增加瞬时低电平脉冲信号作为 USB 信号方向标志。这个瞬时低电平脉冲信号只用于表明发送一帧数据的开始，并不一定需要在整个发送数据期间一直保持低电平，而且电平也不需要低到 0，只要低到 2/3 的高电平（可以识别的电平）即可，而这样的瞬时低电平并不会明显影响 USB 对外的供电能力。

8.3 无须设置的 USB 共享器

我们经常使用将计算机的一个 USB 扩展为多个 USB 的装置，该装置称为 USB 集线器（USB HUB）。例如，8.2 节介绍的 USB 光电隔离 HUB，它有 1 个 USB 接计算机，有 4 个 USB 接设备。反过来，如果需要一个 USB 接设备，多个 USB 接计算机呢？这种装置就称为 USB 共享器，或者 USB SHARE。USB 共享器可用于多个计算机通过 USB 共享一个 USB 设备，比如经常有多个计算机共用一台打印机，这时就需要 USB 共享器。

传统的 USB 共享器要么用手动开关进行切换，要么用软件进行切换。实现 USB 无须设置的共享是该领域多年的难题。经过多年的研究，作者开发出了具有国际领先水准的产品，并且已经获得专利"一种无须设置的 USB 智能共享器"，专利号为 ZL201520582529.9，如图 8-8 所示。

图 8-8　USB 智能共享器的外形

8.3.1　USB 共享器的使用

型号为 GX2USB 的 USB 智能共享器的使用非常简单，它的 2 个主机端 USB（如图 8-8 中的右边所示）分别通过 USB 电缆（打印线）接到 2 个计算机的 USB 插座；产品有 1 个设备端 USB（扁平口，A 型口，如图 8-8 中的左边所示），用于接 USB 设备，如打印机。设备端 USB 插座旁边有 2 个 LED 指示灯，用于指示是哪一个主机端 USB 被选通。比如，如图 8-8 中，如果左边靠上面的 LED 亮（红色），就表示右边的靠上面的 USB 被选通；如果左边靠下面的 LED 亮（红色），就表示右边的靠下面的 USB 被选通。当 2 个主机的 USB 都接到 GX2USB 时，产品会智能选取后接入的主机。实际使用时，由于 USB 设备会连接到最近插入的主机 USB，相当于"即插即用"的效果。如果想人为切换到某主机，只需将该主机 USB 打印线拔下再插上或者重启此主机，符合用户的使用习惯。由于有 2 个主机的 USB 供电并且几乎没有自耗功率，所以对 USB 设备的驱动能力还大于 1 个主机 USB 的驱动能力，将近 2 倍。特别适用于共享 USB 示波器、USB 存储器、USB 打印机、USB 摄像头等。

GX2USB 的使用与普通的电缆是一样的，不需要驱动程序。GX2USB 实现的仅仅是一个透明的物理切换，与计算机操作系统无关，也无须任何操作软件。

8.3.2　双 USB 共享的切换逻辑

USB 共享器的输入-输出逻辑关系如表 8-3 所示，这样的输入-输出逻辑关系已经无法用普通的逻辑芯片来实现，我们用 STC15F104E 单片机来实现逻辑开关，USB 共享器的逻辑测试电路如图 8-9 所示。

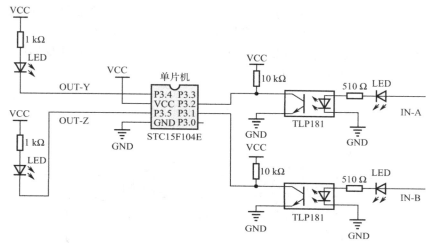

图 8-9　USB 共享器的逻辑测试电路

表 8-3　USB 共享器的输入-输出逻辑关系

输入 IN		输出 OUT	
A	B	Y	Z(=notY)
1	0	1	0
0	1	0	1
0	0	不变	不变
1	0↗1	0	1
0↗1	1	1	0

关键在于输入 A 和 B 同时为 1 时的判断。

原则之一：如果是 A 后变为 1，则输出 Y=1；如果是 B 后变为 1，则输出 Y=0。

为了避免抖动的影响，不考虑少于 20 ms 的时间先后差，如图 8-10 所示。

如果 A 和 B 都为 1，再按照以下原则变化。

原则之二：当 A 和 B 都为 1 时，如果 A 出现跳变（0↗1），则 Y=1；如果 B 出现跳变（0↗1），则 Y=0。

跳变的脉宽（低电平，0 状态维持时间）为 20 ms，可以避免抖动的影响，即不考虑少于 20 ms 的短时间低电平状态。

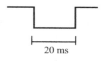

20 ms

图 8-10　跳变的脉宽 20 ms

虽然有 2 个输出 Y 和 Z，但 Z 就是 Y 的相反状态。图 8-9中的 4 个 LED 是为了在测试时，可以直观地看到信号 IN-A、IN-B、OUT-Y、OUT-Z 的状态。

8.3.3 USB 共享器的硬件设计

图 8-11 所示为 USB 共享器的硬件电路，其中，继电器 J 为双刀双掷开关，典型型号为松下 NAIS 继电器 TQ2-5V ATQ209（其引脚和外形见图 8-12），采用 DIP-10 脚封装，控制电流为 1 A，工作电压为 5 V。继电器对 USB 信号的 DM 和 DP 同时进行切换。DM 和 DP 为共享器接入设备的 USB 的信号端，DM1 和 DP1 为共享器接入计算机 1 的 USB 信号端（即 USB1），DM2 和 DP2 为共享器接入计算机 2 的 USB 信号端（即 USB2）。计算机 1 和计算机 2 的电源和地无须切换。设备端 USB 口的电源接入共享器的 VCC 端，地与计算机 1 和计算机 2 的地直接相连。

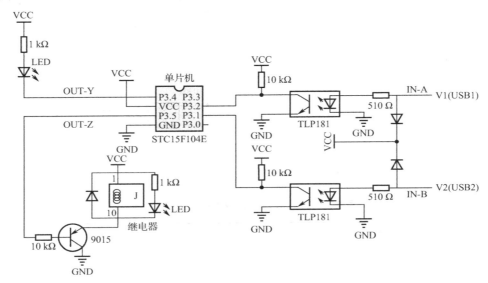

图 8-11　USB 共享器的硬件电路

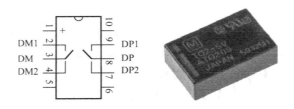

图 8-12　继电器 TQ2-5V ATQ209 引脚和外形图

TLP181 为光电耦合器，主要目的不是为了隔离，而是避免手动插入或拔出计算机端的 USB 口时，手的抖动导致信号 USB-V1 和 USB-V2 的频繁波动。光电耦合器具有抗这种抖动信号干扰的作用，因为内部光信号可以对电信号进行平缓处理。单片机 STC15F104E 不仅可用于实现对 USB 切换的逻辑关系，也可对手的抖动干扰进行软件处理。

USB2.0 的插头一共有 4 个引脚：

● 红线：引脚 1，电源 V（VCC，+5 V）。

● 白线：引脚 2，DM（D−）。

- 绿线：引脚3，DP（D+）。
- 黑线：引脚4，地线 GND

A 型插头和 USB 插座如图 8-13 所示。

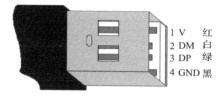

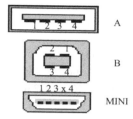

图 8-13   A 型插头和 USB 插座

USB 共享器使用 USB 的信号 V 来判断 USB 共享器是否接入计算机的 USB，因为一旦接入，则该 USB 就会给 USB 共享器加 5 V 电压，分别为图中的 V1（USB1）和 V2（USB2）。V1（USB1）和 V2（USB2）同时也为 USB 共享器供电，它们都通过二极管接到 VCC 端，只要其中一个接到了计算机 USB，就能够对 USB 共享器供电。

8.3.4 USB 共享器的单片机软件设计

实现双 USB 共享切换逻辑由以下的单片机程序来实现，在本书配套开发资料包中有其源代码。

```
#include<reg52.h>
sbit INPUTA = P3^2;
sbit INPUTB = P3^1;
sbit OUTY = P3^4;
sbit OUTZ = P3^5;
bit flagA = 1;                          //默认没有输入
bit flagB = 1;
unsigned char    changeA = 0;
unsigned char    changeB = 0;
#define ON 0
#define OFF 1
/*******************************1 ms 延时程序*******************************/
void delay1ms(unsigned int t)
{
    unsigned int i,j;
    for(i=0;i<t;i++)
    {
        for(j=0; j<50; j++)
        { ;  }
    }
}
void main(void)
{
    delay1ms(10);
```

```
            INPUTA = 1;
            INPUTB = 1;
            flagA = 1;
            flagB = 1;
            OUTY = ON;
            OUTZ = OFF;
            EA = 1;
            TMOD = 0x11;
            TL0 = (65535-50000)/256;
            TH0 = (65535-50000)%256;
            ET0 = 1;
            TR0 = 1;
            while(1)
            {
                if(changeA==2)                    //A 刚刚拿掉
                {
                    if(INPUTB==0)
                    {
                        OUTY = OFF;
                        OUTZ = ON;
                    }
                }
                if(changeB==2)                    //B 刚刚拿掉
                {
                    if(INPUTA==0)
                    {
                        OUTY = ON;
                        OUTZ = OFF;
                    }
                }
                if(changeA==1)                    //A 刚刚插入
                {
                    OUTY = ON;
                    OUTZ = OFF;
                    changeA = 0;
                }
                if(changeB==1)                    //B 刚刚插入
                {
                    OUTY = OFF;
                    OUTZ = ON;
                    changeB = 0;
                }
            }
        }
        void timer0(void)interrupt 1
        {
            TL0 = (65535-50000)/256;
            TH0 = (65535-50000)%256;
```

```
        if(INPUTA^flagA)            //有变动
        {
            flagA = INPUTA;
            delay1ms(5);
            if(INPUTA==0)
            {
                changeA = 1;            //如果是从高电平变为低电平，那就是刚刚输入
            }
            else
            {
                changeA = 2;            //拿掉插入
            }
        }
        if(INPUTB^flagB)//有变动
        {
            flagB = INPUTB;
            delay1ms(5);
            if(INPUTB==0)
            {
                changeB = 1;            //如果是从高电平变为低电平，那就是刚刚插入
            }
            else
            {
                changeB = 2;            //拿掉插入
            }
        }
    }
```

8.4　USB 数据采集器

U812BL 是一种多功能 USB 微型数据采集器产品，如图 8-14 所示，不仅实现了 8 路 12
位 A/D 转换以及 5 路通用 I/O，而且还带 USB 与 RS-232、I2C、SPI 总线的转换。产品具有
超小型的外形，外插计算机的 USB，无须外接电源。产品配有应用程序，包括用 Visual Basic
6.0（可显示波形、存盘、取盘、打印），Visual C++写的数据采集软件的源代码。

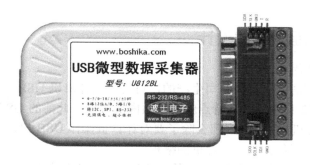

图 8-14　USB 微型数据采集器外形图

8.4.1 USB 微型数据采集器的使用

将产品的 USB 通过 USB 电缆（打印线）插到 PC 的 USB 口上，产品另一端为 DB-15 针座（配有接线端子或插针，板上有标志）。DB-15 针座（配有接线端子）引脚分配如表 8-4 所示。

表 8-4 DB-15 针座引脚分配

编号	1	2	3	4	5	6	7	8
名称	CH0	CH1	CH2	GND	TXD	SDI	SCLK	SDO
编号	9	10	11	12	13	14	15	
名称	CH3	CH4	CH5	CH6	CH7(RXD)	SDA	SLK	

SDI、SCLK、SDO 为 SPI 总线的 3 根信号线，SDA、SLK 为 I2C 总线的 2 根信号线，TXD（T）、RXD（R）为 RS-232 口的发送（从 U812BL 向外）与接收信号线，SDI、SCLK、SDO 与 SDA、SLK 这 5 个信号线的任何一个都可以进行单独 I/O 读写操作，也就是相当于 5 路通用 I/O。当这 5 个引脚用于 SPI、I2C 总线通信时，使用 SPI、I2C 通信操作指令；而当这 5 个引脚用于通用 I/O 时，使用通用 I/O 操作指令。CH7 模拟信号的输入端和 RS-232 的 RXD 接收端共用 DB-15 的 13 引脚。U812BL 的 RS-232、I2C、SPI 的读写操作各有专门的指令，主要是对 Windows 的专用 DLL 的调用，参见本书附带的资料包。特别说明的是，U812BL 的 RS-232，并没有像 USB 转换出的 RS-232 那样可以虚拟成 COM，U812BL 的 RS-232 必须通过专用指令来操作，这样的优点在于更加接近 Windows 的底层操作，具有较高的效率、较少的延时，缺点是软件的可移植性较差。

U812BL 有 4 种可供选择的被测电压的量程范围：0～5 V、±5 V、0～10 V、±10 V，由软件选择。如果用于测量电流，如 4～20 mA，只需要在电流线路中串接电阻 250 Ω就可转换成电压，以便于测量。

性能如下：

分辨率：12 位；

通道数：8 路单端 A/D 转换器、5 路 I/O；

采样速率：≤100 kHz；

量程：0～5 V、±5 V、0～10 V、±10 V；

接口：带 USB 转 RS-232、I2C、SPI。

U812BL 需要安装 Windows 下的 USB 驱动软件，在目录"第八章 USB 通信技术应用\USB 数据采集器 U812BL\driver"下。

8.4.2 数据采集器硬件电路设计

1. 芯片 MW2332 简介

MW2332 是由深圳浩博高科技公司生产的，可实现从计算机 USB 扩展出 32 个 I/O 口，以及 I2C、SPI、RS-232 口功能，其特点就是无须内部编程。此前的 USB 扩展 I/O 口的方案几乎都是通过外接单片机来实现的，那么除了要对计算机操作 USB 口进行编程，还要对单片机进行编程，MW2332 则免去了对单片机的编程。

MW2332 本质上就是一款带 USB 接口的、对 I/O 进行操作的单片机，它的优点在于用户不需要了解 USB 与单片机之间的内部通信协议，就可通过计算机的 USB 接口来操作自己的目标产品。在所应用的方案中，对于开发 PC 应用程序的客户，MW2332 提供了适用于 Windows XP 的驱动程序和相关的接口程序。此芯片共有 32 个 I/O 口，分别为 P0、P1、P2 和 P3，所提供的接口中，用户能很容易地操作这些 I/O 口。这 32 个 I/O 口都可以用于输入数据或输出数据，还可用于操作定时器（Timer）。在 I/O 操作中，MW2332 内部使用指定的 I/O 口来模拟 SPI 与 I2C 操作。

2. 芯片 MAX197 介绍

在数据采集系统中，A/D 转换的速率和精度决定了采集系统的速率和精度。MAX197 是美信（MAXIM）公司推出的具有 12 位转换精度的高速 A/D 转换芯片，只需单一 5 V 电源供电，且转换时间很短（6 μs），具有 8 路输入通道，还提供了标准的并行接口，即 8 位三态数据 I/O 口，可以和大部分单片机直接连接，使用十分方便。

MAX197 无须外接元器件就可独立完成 A/D 转换功能，它可分为内部采样模式和外部采样模式，采样模式由控制寄存器的 D5 位决定。在内部采样模式中，由写脉冲启动采样间隔，经过瞬间的采样间隔（3 μs）即开始 A/D 转换。在外部采样模式（D5=1）中，由两个写脉冲分别控制采样和 A/D 转换。在第一个写脉冲出现时，ACQMOD 置 1，开始采样；在第二个写脉冲出现时，ACQMOD 清 0，MAX197 停止采样，开始 A/D 转换。这两个写脉冲之间的时间间隔为一次采样时间。当一次转换结束后，MAX197 相应的 INT 引脚置为低电平，通知单片机读取转换结果。

对于 A/D 转换，时序要求非常严格。由于 MAX197 的数字信号输出引脚是复用的，要正确读取转换结果，时序要求尤其严格。在一次采样开始前，可以通过 8 位数据线把这些控制字写入 MAX197 来初始化相应的参数，然后按照一定的时序进行采样和转换。HBEN 为 12 位数据高 4 位或低 8 位有效控制位，HBEN 为高电平时，高 4 位数据有效；为低电平时，低 8 位数据有效，可以通过控制这个引脚来读取 12 位的转换结果。

3. MAX197 与 MW2332 硬件接口设计

整个 U812BL 数据采集器由一片 MW2332 和一片 MAX197 组成，USB 数据采集器硬件电路如图 8-15 所示。通过 MW2332 的 P2.0～P2.7 与 MAX197 的 D0～D7 相连，既可用于输入 MAX197 的初始化控制字，也可用于读取转换结果。用 MW2332 的 P3.3 作为 MAX197 的片选信号 $\overline{CS}$。选择 MAX197 为软件设置低功耗工作方式，所以置 $\overline{SHDN}$ 引脚为高电平。本电路采用内部基准电压，所以 REFADJ 通过电容接地。MW2332 的 P3.0 引脚用于判读高、低位数据的选择线，直接与 HBEN 引脚相连。MAX197 的 $\overline{INT}$ 引脚可与 MW2332 的 P1.4 引脚相连，以便实现启动中断，读取 A/D 转换结果。在电路中，AGND 和 DGND 应相互独立，各种电源与模拟地之间都用 0.1 nF 电容来消除电源的纹波。

MAX197 与其他 A/D 转换芯片不同之处在于，它的很多硬件功能都是利用内部控制字来实现的，如通道选择、模拟信号量程、极性等。MAX197 的输出数据采用无符号二进制模式（单极性输入方式）或二进制补码形式（双极性输入方式）。当 $\overline{CS}$ 和 $\overline{RD}$ 都有效时，HBEN 为低电平，低 8 位数据被读出，HBEN 为高电平，高 4 位数据被读出，另外 4 位保持低电平（在单极性方式下），或另外 4 位为符号位（在双极性方式下）。

由以上讨论可知，正确进行采集转换并读取数据的前提是必须正确设置控制字以及 MAX197 的各种控制信号。本设计中，进行数据采集转换前 USB 通过 MW2332 对 MAX197 进行初始化，以便确定其采集转换的通道、量程和极性等。

该设计表明，以 MAX197 为核心的数据采集 A/D 转换电路具有外围电路简单，与 MW2332

并行口兼容性好，时序控制简单易懂的特点，可靠性和性价比高并且编程简单，比较适合实时性要求较高的大数据量数据采集与高速 A/D 转换使用。

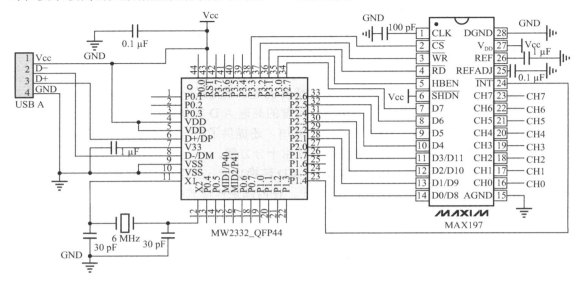

图 8-15　USB 数据采集器硬件电路

8.4.3　数据采集软件设计

数据采集软件的编写采用定时查询方式，本设计的软件是基于 USB 对 MW2332 的 I/O 指令来编写的，利用 MW2332 对 MAX197 的 OUT 指令来启动 A/D 转换，然后在 A/D 转换结束后利用 MW2332 对 MAX197 的 IN 指令来读取 A/D 转换结果。

本书配套的开发资料包中 U812BL 的配套软件，不仅有驱动程序，还包括 Visual Basic 6.0 编写的数据采集程序（有源代码），程序可以显示波形、存盘、取盘、打印（见图 8-16）。程序包还包括以下功能的实例源代码：通用 I/O 读写、I2C 读写、SPI 读写、RS-232 收发等。注意 U812BL 的 I2C、SPI 只能作为主机，不能作为从机。

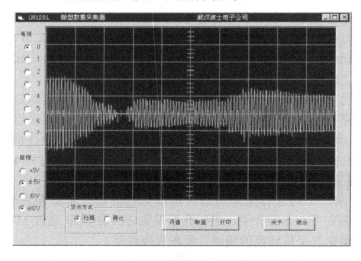

图 8-16　USB 数据采集器软件界面

数据采集的 VB 软件只有一个界面，部分源代码如下所示。

```
//对调用 MW2332 动态链接库 mw2332.dll 的读写 I/O 的定义
Private Declare Function OpenMW4 Lib "mw2332.dll" () As Boolean
Private Declare Function CloseMW4 Lib "mw2332.dll" () As Boolean
Private Declare Function GetMW4State Lib "mw2332.dll" () As Boolean
Private Declare Function GetMW4FW Lib "mw2332.dll" () As Long
Private Declare Function SetMW4 Lib "mw2332.dll" (ByVal usPort As Integer, ByVal usData As Integer,
    ByVal usParam As Integer) As Boolean
Private Declare Function SetMW4All Lib "mw2332.dll" (ByVal usData As Integer, ByVal usParam As
    Integer) As Boolean
Private Declare Function MW4Out Lib "mw2332.dll" (ByVal usPort As Integer, ByVal btData As Byte) As
    Boolean
Private Declare Function MW4OutAll Lib "mw2332.dll" (ByVal btData1 As Byte, ByVal btData2 As Byte,
ByVal btData3 As Byte, ByVal btData4 As Byte) As Boolean
Private Declare Function MW4In Lib "mw2332.dll" (ByVal usPort As Integer, btData As Byte) As Boolean
Private Declare Function MW4InAll Lib "mw2332.dll" (btData1 As Byte, btData2 As Byte, btData3 As
    Byte, btData4 As Byte) As Boolean
'//////////////////////////////////定义变量
Dim Gain As Integer
Dim Freq As Integer
Dim V, Vout, U As Integer
Dim data(8868) As Integer
Dim D(30), D11, D10, D9, D8 As Integer
Dim S, Din, din1, din2 As String
Dim Val, t, Ch, Range, CtrByte As Integer
'////////////////////////////////实现 A/D 转换功能的函数
Function adc(Ch, Range) As Integer
    OpenMW4
    Val = 0
    CtrByte = &H40 + Range * 8 + Ch
    SetMW4 P3, &HFF, InF
    MW4Out P3, &HFF
    MW4Out P3_3, 0              '-CS=0
    MW4Out P3_2, 0              'WR=0
    SetMW4 P2, &HFF, InF
    MW4Out P2, CtrByte          'Write CotrolByte
    MW4Out P3_2, 1 'WR=1
    'For t = 1 To 100: Next t    'time delay
    MW4Out P3_1, 0 'RD=0
    SetMW4 P2, &H0, InF
    ' //////READ HIGH 4-BIT::
    MW4In P2_3, D(11)            'MostLargeBit D11
    MW4In P2_2, D(10)    '
    MW4In P2_1, D(9)     '
    MW4In P2_0, D(8)     '
    U = 256 * (D(11) * 8 + D(10) * 4 + D(9) * 2 + D(8))
    MW4Out P3_0, 0 'HBEN=0 LOW 8-BIT
```

```
        MW4In P2, V
        If Range = 0 Then Val = V + U    '0-5V
        If Range = 1 Then Val = V + U - 4096 * D(11)              '-5～+5 V
        If Range = 2 Then Val = V + U    '0-10V
        If Range = 3 Then Val = V + U - 4096 * D(11)              '-10～+10 V
        'MW4Out P3_3, 1 '-CS=1
        CloseMW4
        'For t = 1 To 10000: Next t                    延时，调整 A/D 转换采样速率
        adc = Val
    End Function
    '////////画示波器格子
    Sub Drawgrid1()
        For Y = 0 To 5000 Step 500
            Picture1.Line (0, Y)-(8200, Y), RGB(0, 200, 200)
        Next Y
        For X = 0 To 8200 Step 820
            Picture1.Line (X, 0)-(X, 5000), RGB(0, 200, 200)
        Next X
        '///////For X = 0 To 8200 Step 164
        '///////Picture1.Line (X, 2400)-(X, 2600), RGB(0, 200, 200)
        '///////Next X
        For Y = 0 To 5000 Step 125
            Picture1.Line (4000, Y)-(4200, Y), RGB(0, 200, 200)
        Next Y
    End Sub
    Private Sub Command1_Click()
        CloseMW4
        End
    End Sub
        '//////存储采集的数据
    Private Sub Command3_Click()
        Timer1.Enabled = False
        FileName$ = "vx" + Mid$(Date$, 6, 2) + _
        Mid$(Date$, 9, 2) + Mid$(Time$, 1, 2) + _
        Mid$(Time$, 4, 2) + ".dat"
        f% = MsgBox("存为文件" + FileName$, 4, "存盘")
        If f% = 7 Then GoTo 213
        Open FileName$ For Random As #1 Len = 2
        For k = 1 To 8192
            Put #1, k, data(k)
        Next k
        Close 1
213 End Sub
    Private Sub Command4_Click()
        With CommonDialog1
        .DefaultExt = ".dat"
        .DialogTitle = "打开文件"
        .Filter = "数据文件(*.dat)|*.dat"
```

```vb
        .ShowOpen
        End With
        FileName$ = CommonDialog1.FileName
        If FileName$ = "" Then GoTo 901
            Option3.Value = True
            Open FileName$ For Random As #2 Len = 2
            '在示波器格子上显示采集数据的波形扫描显示
            For k = 1 To 8192
                Get #2, k, data(k)
            Next k
            Close 2
            Timer1.Enabled = False
            Picture1.Cls
            Call Drawgrid1
        If din2 = "1" Then                          '+4.096 V 量程
            For X = 1 To 8192 Step 1
                Vout = (data(X) And &H1FFF)
                Y = Vout
                Picture1.Line (X, 5000 - Y1)- _
                (X + 1, 5000 - Y), RGB(0, 255, 0)
                Y1 = Y
            DoEvents
            Next X
        End If
        If din2 = "0" Then                          '±2.048 V 量程
            For X = 1 To 8192 Step 1
                Vout = (data(X) And &H1FFF)
                If (data(X) And &H8000) = 0 Then sig = 0 Else sig = 1
                Y = Vout * (1 - 2 * sig) + 2500
                Picture1.Line (X, 5000 - Y1)- _
                (X + 1, 5000 - Y), RGB(0, 255, 0)
                Y1 = Y
            DoEvents
            Next X
        End If
901 End Sub
'打印波形
Private Sub Command5_Click()
    prt% = MsgBox("打印机准备好？ ", 1, "打印口状态")
    If prt% = 2 Then GoTo 1532
        Timer1.Enabled = False
        Printer.EndDoc
        For Y = 0 To 5000 Step 500
            Printer.Line (0, Y)-(8200, Y)
        Next Y
    For X = 0 To 8200 Step 820
        Printer.Line (X, 0)-(X, 5000)
    Next X
```

```vb
For X = 0 To 8200 Step 164
    Printer.Line (X, 2400)-(X, 2600)
Next X
For Y = 0 To 5000 Step 125
    Printer.Line (4000, Y)-(4200, Y)
Next Y
If din2 = "1" Then                              '+4.096 V 量程
For X = 1 To 8192 Step 1
    Vout = (data(X) And &H1FFF)
    Y = Vout
    Printer.Line (X, 5000 - Y1)- _
    (X + 1, 5000 - Y), RGB(0, 255, 0)
    Y1 = Y
Next X
End If
If din2 = "0" Then                              '±2.048 V 量程
    For X = 1 To 8192 Step 1
        Vout = (data(X) And &H1FFF)
        If (data(X) And &H8000) = 0 Then sig = 0 Else sig = 1
        Y = Vout * (1 - 2 * sig) + 2500
        Printer.Line (X, 5000 - Y1)- _
        (X + 1, 5000 - Y), RGB(0, 255, 0)
        Y1 = Y
    Next X
End If
    1532 Printer.EndDoc
End Sub
Private Sub Command6_Click()
    Bosi% = MsgBox("波仕电子  http://www.boshika.com", 0, "版权所有")
End Sub
'初始界面
Private Sub Form_Load()
    Load Form1
    Form1.Show
    Form1.Left = 0
    Form1.Top = 0
    Form1.Caption = " U812BL          USB 微型数据采集器" _
    + "                武汉波仕电子公司"
    Picture1.Height = 5090
    Picture1.Width = 8280
    Picture1.Top = 100
    Frame1.Caption = "显示方式"
    Option1.Value = True
    Option3.Caption = "静止"
    Option4.Caption = "扫描"
    Option4.Value = True
    Option11.Value = True
    Command1.Caption = "退出"
```

```
            Command3.Caption = "存盘"
            Command4.Caption = "取盘"
            Command5.Caption = "打印"
            Command6.Caption = "关于"
            Call Drawgrid1
End Sub
'显示静止画面
Private Sub Option3_Click()
        Timer1.Enabled = False
        Picture1.Cls
        Call Drawgrid1
End Sub
Private Sub Option4_Click()
        Timer1.Enabled = True
        Picture1.Cls
        Call Drawgrid1
End Sub
'读取手动选择的量程和通道
Private Sub Timer1_Timer()
        V = 0
        If Option1.Value = True Then Ch = 0
        If Option2.Value = True Then Ch = 1
        If Option5.Value = True Then Ch = 2
        If Option6.Value = True Then Ch = 3
        If Option7.Value = True Then Ch = 4
        If Option8.Value = True Then Ch = 5
        If Option9.Value = True Then Ch = 6
        If Option10.Value = True Then Ch = 7
        If Option11.Value = True Then Range = 0          '0~5 V
        If Option12.Value = True Then Range = 1          '-5 V~+5 V
        If Option13.Value = True Then Range = 2          '0~10 V
        If Option14.Value = True Then Range = 3          '-10~+10 V
        Val = adc(Ch, Range)
        Picture1.Cls
        Timer1.Enabled = True
        Call Drawgrid1
        If Range = 0 Then                                '0~5 V 量程
            For i = 1 To 8192
                    data(i) = Val
                    Y = Val / 4096 * 5000
                    X = i
                    Picture1.Line (X, 5000 - Y1)- _
                    (X + 1, 5000 - Y), _
                    RGB(0, 255, 0)
                    DoEvents
                    Y1 = Y
            Next i
        End If
```

```
        If Range = 1 Then                          ' ±5 V 量程
            For i = 1 To 8192
                data(i) = Val
                Y = (Val + 2048) / 4096 * 5000
                X = i
                Picture1.Line (X, 5000 - Y1)- _
                (X + 1, 5000 - Y), _
                RGB(0, 255, 0)
                DoEvents
                Y1 = Y
            Next i
        End If
        If Range = 2 Then                          ' 0～10 V 量程
            For i = 1 To 8192
                data(i) = Val
                Y = Val / 4096 * 5000
                X = i
                Picture1.Line (X, 5000 - Y1)- _
                (X + 1, 5000 - Y), _
                RGB(0, 255, 0)
                DoEvents
                Y1 = Y
            Next i
        End If
        If Range = 3 Then                          ' ±10 V 量程
            For i = 1 To 8192
                data(i) = Val
                Y = (Val + 2048) / 4096 * 5000
                X = i
                Picture1.Line (X, 5000 - Y1)- _
                (X + 1, 5000 - Y), _
                RGB(0, 255, 0)
                DoEvents
                Y1 = Y
            Next i
        End If
        'Print Vout
        If Range = 0 Then Text1.Text = Int(Val / 4096 * 5000)
        If Range = 1 Then Text1.Text = Int(Val / 4096 * 10000)
        If Range = 2 Then Text1.Text = Int(Val / 4096 * 10000)
        If Range = 3 Then Text1.Text = Int(Val / 4096 * 20000)
End Sub
```

这个程序与 4.8 节"无源 RS-232 数据采集器"里的 VB 程序界面几乎一样，只是改动了 A/D 转换子程序，添加了两个量程选项。读者也可以基于这个程序的源代码编写自己的数据采集器程序。

8.5　采用 USB 私有协议的网络隔离器

本节介绍的 USB 网络隔离器与前面的 USB 光电隔离器不同之处在于，USB 网络隔离器是用于隔离通信协议的，而光电隔离器是实现电气隔离的。采用 USB 私有协议的网络隔离器属于协议隔离，目的是隔离互联网对内部计算机的访问，而内部计算机可以通过 USB 连接一台专门接入互联网的计算机来访问互联网。这个 USB 是基于私有协议的，其他人不知道这个 USB 的私有协议。

近年来，随着信息技术的高速发展，电子政务的应用越来越广泛，在这些需要依靠信息系统处理日常事务的机构（如工商、税务、银行以及部队等）中，工作人员一方面要接入互联网中，另一方面要连接到企业内部网络中，并在这两个网络中实现信息的交换。由于这些机构的内部网络中存在许多涉及国家、企业、个人的机密信息，所以必须在保证两个网络连接安全的前提下实现信息交换。

8.5.1　网络隔离方案特征

如何选择隔离方案，将内网与外网进行隔离的同时进行必要的通信，这是目前应对新形势下网络犯罪亟待解决的问题。本节的内容基于作者的专利"采用 USB 私有协议的远程网络安全隔离器"，专利号为 ZL200920085773。本方案通过 USB 私有协议隔离 TCP/IP 协议传输来实现外网与内网数据安全隔离。本方案将两台 PC 通过 USB 连接，然后按照 USB-OTG 技术进行对接，即一个 PC 当成主机而另外一个当成设备，两台 PC 之间的通信采用 USB 私有协议。当其中一台 PC 连接 Internet 时，理论上讲，依靠目前的 TCP/IP 无法实现能够同时兼容两层完全不同的传输介质和传输协议的数据通信，因此无法将恶意软件传输到另外一台 PC 中。

安全隔离和信息交换系统的架构由两个拥有操作系统（可以是异构操作系统）的独立主机系统（内网机和外网机）以及一个连接硬件组成，连接硬件通常是由与以太网异构的介质组成的，如某些隔离卡或交换矩阵等。这些连接硬件通过主机上的程序或硬件上独立的芯片来对两个网络中需要交换的信息数据进行封包、解包，从而实现内、外网之间的数据交换。

本方案也是基于这种架构的，不过其连接硬件采取了 USB 私有协议的方式。内、外网主机使用专用的程序把需要交换的数据信息通过 USB 进行传输，从而达到数据交换的目的。用这种技术可以抛弃较为脆弱的基于 TCP/IP 协议的内、外网安全隔离机制，从而真正达到内、外网连接时的安全隔离。USB 2.0 的理论传输速度可以达到 480 Mb/s，这样的速度可以满足目前用户的需求，并且 USB 支持双通道同步传输，这样就很容易解决传输过程中的双向问题。最后，这种 USB 隔离机制和开发相应程序的成本很低，从而在很大程度上降低了安全隔离和信息交换的成本，这种新型的安全隔离和信息交换系统在当前的市场上具有较大的潜力。

本方案的特征之一是采用 USB-OTG 技术实现 USB 私有协议。USB-OTG 是 USB On-The-Go 的缩写，实际上它是 USB 组织对于传统 USB 接口的一个追加协议，主要应用于各种不同的设备或移动设备间的连接和数据交换。传统的 USB 技术虽然使得 PC 和周边设备的数据交换变得简单和方便，但它有两种情况不能够使用：

（1）PC 和 PC 直接连接，如果简单地将两台 PC 的 USB 用电缆直接连接起来，由于都是主机，所以都无法识别对方是什么类型的设备。

（2）USB 设备和 USB 设备直接连接，一旦离开了 PC，就无法实现数据交换，因为没有一台设备能够充当主机。有了 USB-OTG，USB 设备就可以完全脱离开 PC。

最新版本的 USB-OTG 是直接建立在 USB 基础之上的，它修改了 USB 接口的针脚定义和接口外形，使厂商可以根据需要将各种数码设备定义为"主机端"（Host 角色）、"设备端"（Slave 角色）或具有双重"身份"，这样网络及数码设备便可适时地变换身份，实现彼此之间的直接连接。本方案利用 USB-OTG 设备规范中的"多角色"特性，将与两台 PC 延长后的 USB 同时作为 Host 角色和 Slave 角色，实现两台主机间 USB 的相互通信。

本方案的特征之二是采用 USB-RJ45 延长技术。由于以太网传输线采用 RJ45 接头，所以一般简称 RJ45。以太网可以最远传输 150 m，已经基本上满足了绝大部分应用的要求。而 USB 可最远传输 5 m，如果仅仅是简单地用上述的 USB 来组网，必然大大降低网络的通信距离。简单地说，USB-RJ45 延长技术就是通过增加 USB 发送信号的强度和接收信号的检测灵敏度来达到增加 USB 通信距离的效果，中间传输信号采用的是 RJ45 以太网线，但已经不是以太网协议（TCP/IP 协议）了。这种采用 USB-RJ45 延长技术的 RJ45 以太网线可以最远传输 150 m。专利里所说的"远程"，是指这个 RJ45 以太网的最远传输距离 150 m，是相对于 USB 的最远传输距离（5 m）而言的。采用 RJ45 以太网线的好处是在增加距离的同时，在传输介质上兼容了传统的以太网的网络线及接头（注意不兼容以太网协议）。

8.5.2 网络隔离的具体实施方式

本方案的具体实施是极其方便的，因为传输的介质——USB 连线和 RJ45 网线在市场中很常见，USB-RJ45 延长技术也是成熟的技术，只需要根据客户的需求来开发相应的程序即可。图 8-17 所示为由两台 PC（PC1 和 PC2）采用 USB 私有协议的远程连接方案。

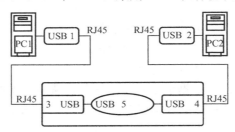

图 8-17 由两台 PC 采用 USB 私有协议的远程连接方案

图 8-17 中 USB 1 直接连接到 PC1 的 USB。USB 1 和 USB 3 组成为远程的 USB 连接（最远 150 m），USB 1 和 USB 3 中间采用 RJ45 连接线。

USB 2 直接连接到 PC2 的 USB。USB 2 和 USB 4 组成为远程的 USB 连接（最远 150 m），USB 2 和 USB 4 中间采用 RJ45 连接线。USB 1 和 USB 2 之间的连接采用 USB 私有协议连接，中间分别通过 USB 3 和 USB 4 还原为 USB，这两个 USB 口通过 USB 5 进行 USB-OTG 技术的对接。

采用 USB-OTG 技术，通过两台 PC 的 USB 之间对接进行数据传输已经有成熟的产品，通常称为 USB 对连线。通常两台 PC 之间是不能直接将 USB 连接起来的，必须其中一方为

PC（作为 Host 角色），而另外一方为 USB 设备（作为 Slave 角色，如常用的 U 盘）。两个 USB 设备（比如常用的 U 盘）也不能直接将它们的 USB 连接起来。当两台 PC 采用 USB-OTG 技术进行连接后，会使两个 USB 同时都具备 Host 角色和 Slave 角色，并且遵守 USB-OTG 规范，因而可以通信。实现 USB-OTG 需要专门的硬件电路（已经有商业化批量生产），装有这种专门硬件电路并且配有 USB 接头的线称为 USB 对连线。由于 USB 的最远传输距离为 5 m，而且这还是使用了多级 USB HUB 才达到的（一般不加 USB HUB 的传输距离只有 1.5 m），所以这种 USB-OTG 技术无法直接用于网络安全隔离。

前面已经说过，目前广泛使用的以太网的 RJ45 线的最远传输距离为 150 m，USB-RJ45 延长技术是对 USB 技术的一种非规范的改进，在 RJ45 上传输的的 USB 信号既不是标准的 USB 信号，也不是以太网信号，而是前面所说的增加 USB 发送信号的强度和接收信号的检测灵敏度后的非标准信号，但是能够在远端恢复为 USB 信号。以前，USB-RJ45 延长技术仅仅用来延长 PC USB 与其连接的 USB 设备之间的距离。本方案所用的 USB-RJ45 延长线正好是原来的以太网线，并且也达到了以太网传输的最远距离，所以可以沿用以前的以太网布线。

当使用 USB 线连接 PC1 和 PC2 后，通过基于标准 USB 规范的程序就可以在其中任意一台设备上与另外一台设备进行通信，通过这种方式可以在这两台设备上任意进行 OTG 传输。这种方式完全抛弃了传统的 TCP/IP 协议，实现了安全隔离。对于目前普通的网络安全隔离采用的网闸而言，由于还是采用以太网连接，连接内、外网两端在逻辑上是同一台主机，虽然在隔离设备上采用了自己的私有协议，但是仍然是基于 TCP/IP 协议的。这样，一旦隔离策略设置不当，或者没有及时更新策略，完全可能产生内网主机被入侵者逐步蚕食的情况。而这里采用的 USB 通信协议是完全基于数据分块和方向制订的，可以确保外来数据能够在完全不到达内网主机的情况下，通过数据的定向同步映射到内网。这样，即使入侵者能够成功控制外网的代理机，也无法将恶意软件通过 USB 传输到内网的 PC 中。

图 8-18 所示为基于 USB 私有协议的内、外网络隔离方案，利用 HTTP 协议"落地"的方式，转换为对单个网页内容的请求，然后通过 PC2 和以太网 HUB 组成的代理机以 USB 私有协议对外网 Internet 发出请求，PC1 下载完成后，通过 USB 私有协议传输给 PC2"落地"为内网文件，提供给内网用户，其实现还是采用了 HTTP 请求重定向技术。USB 私有协议的实施方案就是图 8-18 所描述的方案。PC2 和以太网 HUB 组成的代理机可以通过以太网连接 PC3、PC4 以及更多的内部网络中的 PC。由于 USB 同步协议为私有协议而不是公开的协议，用户可以按照自己的私有协议编写（而不是 Internet 以及以太网所广泛采用的 TCP/IP 协议），而且传输介质为 USB 通信端口，入侵者在没有专用硬件设备的前提下无法对传输协议进行分析，因此即使能够控制客户端，也无法通过正常的传输将数据传入代理主机中。

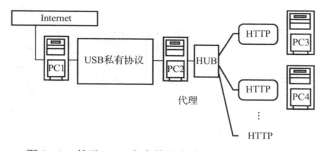

图 8-18　基于 USB 私有协议的内、外网络隔离方案

以上的工作流程可以建立一个较为安全的内、外网交互体系，既可满足内、外网的数据通信，同时又大大减少了内网数据因为 TCP/IP 协议的弱点而使数据外泄的可能性。由于 USB 接口的带宽一般较大，可以同时支持多路数据同时传输，因此其应用上较为灵活和简便。

8.5.3　网络安全文件交换器

网络安全文件交换器是基于 200920085773 号专利实现的产品，如图 8-19 所示。本产品适用于以下情况：用户的计算机一方面要接入互联网（Internet，外网），另一方面要连接到企业内部的计算机网（内网）进行文件的交换。由于企业或机关的内部网中存在机密信息，所以在允许用户的计算机访问内部网的情况下，必须避免互联网上的入侵者通过用户的计算机侵入或控制内网、窃取内网的文件。网络安全文件交换器连在用户的个人计算机与企业内部网计算机之间，用于它们之间进行安全文件的交换，同时可

图 8-19　网络安全文件交换器产品

避免互联网上的入侵者通过用户的计算机侵入或控制内网、窃取内网的文件。网络安全文件交换器也可以用于任何两台计算机之间进行安全文件的交换，可以避免 U 盘病毒的交叉传播，也可以减少或避免普通以太网连接的计算机之间的病毒、木马、恶意插件的传播。

安全隔离与信息交换系统是由两个独立的计算机系统（内网机和外网机）以及一个连接硬件（如文件交换器）组成的，连接硬件通常由与以太网异构的介质组成，如某些隔离卡或交换矩阵等。这些连接硬件通过主机上的程序或硬件上独立的芯片来对两个网络中需要交换的信息数据进行封包、解包，从而实现内、外网之间数据的交换。对于目前普通的网络安全隔离用的网闸而言，由于还采用以太网连接，仍然是基于 TCP/IP 协议的，连接内、外网两端在逻辑上是同一台主机，一旦在隔离策略设置不当或者没有及时更新策略，还是可能发生内网主机被入侵者逐步蚕食的情况。

网络安全文件交换器采用专利技术，软件采用 USB 私有协议的方式，硬件连接采取 RJ45 网络连线。内、外网主机使用专用的程序把需要交换的文件通过专门配套的 USB-RJ45 转换头的 RJ45 连线进行传输，从而达到文件交换的目的，如图 8-20 所示。用这种技术可以抛弃较为脆弱的基于 TCP/IP 协议的内、外网安全隔离机制，真正达到内、外网连接时的安全隔离。USB 的理论传输速率最高可以达到 480 Mb/s，这样的速率可以满足 10 Mb/s、100 Mb/s 以太网的速率要求。

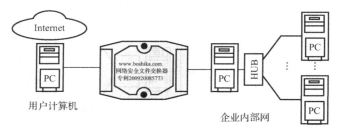

图 8-20　网络安全文件交换器的应用方案

网络安全文件交换器采用的 USB 私有通信协议是完全基于数据分块和方向制订的，可以

确保外来数据能够在完全不到达内网的情况下，通过数据的定向同步映射到内网。这样，即使入侵者能够成功控制外网的代理机，也无法将恶意软件通过 USB 传输到内网中。网络安全文件交换器的硬件连接线虽然采用的是标准以太网 RJ45 线，但是它的电平、线序、信号定义与标准以太网信号是完全不同的（至少增加了电源线），所以也能够阻挡外网的恶意软件利用标准的以太网协议（TCP/IP 协议）向内网进行传播。

由于网络安全文件交换器采用的 USB 文件传输协议为私有协议，而不是公开的被 Internet 以及以太网所广泛采用的 TCP/IP 协议，也不是其他公开的协议（如 NetBEUI、IPX/SPX 等），而且与计算机连接的是 USB 通信端口，互联网上的入侵者无法对私有的传输协议进行分析，因此即使能够控制客户端，也无法将数据传入代理主机中。这样的工作流程可以建立一个较为安全的内、外网交互体系。如果内网计算机要在互联网下载文件，可以在用户计算机下载完成后，通过用户的计算机以 USB 私有协议传输给内网的计算机，提供给内网用户。

连接的双方 PC 都采用专门配套的 USB-RJ45 转换头，采用 RJ45 以太网电缆的好处是增加了传输距离，同时在传输介质上也兼容了传统的以太网的网络线及接头，便于将以前的以太网升级到加本产品构建的网络。双方 PC 的最远距离可以达到 RJ45 以太网传输距离的 2 倍。

由于 USB 具有供电能力，通过本产品配套的 USB-RJ45 转换后的 USB 仍然具有供电能力，因此这样网络安全文件交换器无须外接电源供电。

本产品支持 Windows 7/XP 等操作系统。安装驱动软件和私有协议传输软件后，可以在计算机桌面上看到"文件安全交换软件"的图标。注意双方计算机都要安装"文件安全交换软件"。通信双方的计算机运行"文件安全交换软件"后，等待几秒相互接通后就会在双方的计算机桌面上各自出现一个新的类似 Windows 资源管理器的界面，网络安全文件交换器的软件运行界面如图 8-21 所示。如果连接失败，界面上会亮红灯。

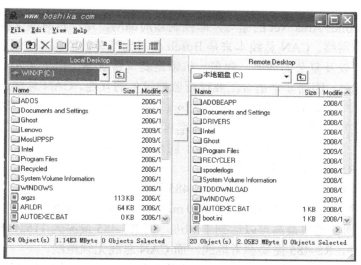

图 8-21   网络安全文件交换器的软件运行界面

左边框内为"Local Desktop"，即本地计算机的文件，右边框内为"Remote Desktop"，即远程计算机的文件。每个框内都可以像 Windows 资源管理器一样打开或关闭磁盘、文件夹等，通过简单的鼠标拖曳就可以安全地进行文件交换了。

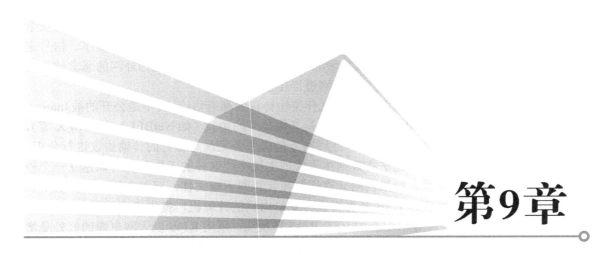

第9章

CAN 串口转换器

9.1 CAN 总线介绍

CAN 是 Controller Area Net 的缩写，即控制器局部网，是一种有效支持分布式控制或实时控制的串行通信网络。CAN 总线本来是 Bosch 公司为汽车的监测、控制系统而设计的，如控制发动机点火，以及复杂的加速、刹车、抗锁定刹车系统等。由于 CAN 总线具有卓越的特性及极高的可靠性，因而非常适合工业过程监控设备的互连。CAN 总线已经成为一种国际标准（ISO 11898），是最有前途的现场总线之一。在自动化电子领域的汽车发动机控制部件、传感器、抗滑系统等应用中，CAN 的传输速率可达到 1 Mb/s。CAN 总线的信号传输介质为双绞线，目前在电力、石化、航天、冶金等不同行业均有应用。

CAN 总线与 RS-485 有四个主要区别：

- CAN 总线能够多机同时发送，而 RS-485 不可以。
- CAN 总线在 10 kb/s 时传输距离为 5000 m，而 RS-485 在 9600 b/s 时传输距离为 1200 m。
- CAN 总线通信速率最高可以达到 1 Mb/s，而 RS-485 最高为 115.2 kb/s。
- 实际应用时，RS-485 需要参考地线，而 CAN 总线无须地线。

从通信机制上讲，CAN 总线的信息也是采用串行传输的，但是我们已经习惯了把 RS-485 或 RS-232 称为串口，所以 CAN 总线就不被称为串口。采用传统的 RS-485 总线难以组成可靠的大规模的网络系统，所以在底层需要设计一种造价低又适于现场环境的通信系统，这就是现场总线标准。CAN 总线是影响力较大的、应用广泛的现场总线标准之一。

在已有的 CAN 总线系统里，有时需要接入带 RS-485 或 RS-232 的串口设备，或者反过来也可能需要在 RS-485 或 RS-232 系统中接入带 CAN 总线接口的设备，这样就需要一种把

CAN 总线与串口进行协议转换的装置，这就是本章要介绍的 CAN 串口转换器。

9.1.1　CAN 协议和 CAN 总线的特点

CAN 协议是一种通信协议，是一种通过 CAN 总线一次连续传输多个字节的协议，这一点与 Modbus 有些类似。CAN 协议规定了一次发多少个字节，以及字节顺序如何排列。

CAN 总线的特点如下：

- CAN 总线接口芯片支持 8 位、16 位的微处理器，许多微处理器都集成了 CAN 通信控制器。
- CAN 总线是国际标准，即 ISO 11898。
- CAN 可以多主方式工作，总线上任意一个节点均可向其他节点发送信息而不分主从，通信方式灵活。利用这一特点，也可方便地构成（容错）多机备份系统。
- CAN 总线上的节点可分成不同的优先级，可满足实时要求。
- CAN 总线采用非破坏性总线仲裁技术，当两个节点同时发送信息时，优先级低的节点主动停止发送数据，而优先级高的节点可不受影响地继续发送数据，可有效避免总线冲突。
- CAN 总线可以以点对点、一点对多点及全局广播的方式发送和接收数据。
- CAN 总线直接通信距离最远可达 10 km（5 kb/s），通信速率最高可达 1 Mb/s（40 m）。CAN 总线上节点数在理论上可达 2000 个，实际可达 110 个。
- CAN 总线采用短帧结构，每一帧的有效字节数为 8 个，这样短的传输时间，受干扰的概率低，重新发送时间短。
- CAN 总线上的节点在错误严重的情况下，具有自动关闭总线的功能，即切断它与总线的联系，以使总线上的其他操作不受影响。
- CAN 总线的每帧信息都有 CRC 校验及其他检错措施，数据的出错率极低。
- 通信介质采用廉价的双绞线，无特殊要求，无须参考地线。
- 用户接口简单，编程方便，很容易构成 CAN 总线系统。
- Intel、NXP 等芯片厂商均生产具有 CAN 接口的微处理器。

9.1.2　CAN 协议数据帧格式

CAN 总线上传输的信息称为报文，当总线空闲时，总线上的任何节点都可以发送报文，报文相当于邮递信件的内容。总线上的报文有固定的帧类型，如数据帧、远程帧、错误帧和过载帧。

CAN 总线通信有两种不同格式的帧：标准帧和扩展帧。标准帧具有 11 位标识符，扩展帧具有 29 位标识符，两种格式的帧可以在同一条 CAN 总线上传输。下面仅就数据帧格式进行解释，其他几种帧的标准帧与扩展帧类似。

1. CAN 标准数据帧

CAN 标准数据帧有 11 个字节，如表 9-1 所示。

表 9-1　CAN 标准数据帧

		7	6	5	4	3	2	1	0
字节 1	帧信息	FF	RTR	x	x	DLC			
字节 2	帧 ID1	报文识别码（ID10～ID3）							
字节 3	帧 ID2	ID2～ID0			x	x	x	x	x
字节 4	数据 1	数据							
字节 5	数据 2	数据							
字节 6	数据 3	数据							
字节 7	数据 4	数据							
字节 8	数据 5	数据							
字节 9	数据 6	数据							
字节 10	数据 7	数据							
字节 11	数据 8	数据							

- 字节 1 为帧信息，第 7 位（FF）表示帧格式，在标准帧中 FF=0；第 6 位（RTR）表示帧的类型，RTR=0 表示为数据帧，RTR=1 表示为远程帧；第 3～0 位（DLC）表示数据帧实际的数据长度。
- 字节 2～3 为报文识别码，其高 11 位有效。
- 字节 4～11 为数据帧的实际数据，远程帧时无效。

2. CAN 扩展数据帧

CAN 扩展数据帧有 13 个字节，如表 9-2 所示。

表 9-2　CAN 扩展数据帧

		7	6	5	4	3	2	1	0
字节 1	帧信息	FF	RTR	x	x	DLC			
字节 2	帧 ID1	报文识别码（ID28～ID21）							
字节 3	帧 ID2	报文识别码（ID20～ID13）							
字节 4	帧 ID3	报文识别码（ID12～ID5）							
字节 5	帧 ID4	ID4～ID0					x	x	x
字节 6	数据 1	数据							
字节 7	数据 2	数据							
字节 8	数据 3	数据							
字节 9	数据 4	数据							
字节 10	数据 5	数据							
字节 11	数据 6	数据							
字节 12	数据 7	数据							
字节 13	数据 8	数据							

- 字节 1 为帧信息，第 7 位（FF）表示帧格式，在扩展帧中 FF=0；第 6 位（RTR）表

示帧的类型，RTR=0 表示为数据帧，RTR=1 表示为远程帧；第 3～0 位（DLC）表示为数据帧时实际的数据长度。

- 字节 2～5 为报文识别码，其高 29 位有效。
- 字节 6～13 为数据帧的实际数据，远程帧时无效。

9.2 CAN 串口转换器 CAN232B 的使用

9.2.1 产品概述

　　CAN 串口转换器 CAN232B（见图 9-1）可实现 CAN 协议与 RS-232 通信协议之间的双向智能转换，可以将 RS-232 通信设备接入 CAN 总线网络中，也可以将 CAN 总线设备接入 RS-232 总线网络中。CAN232B 有 1 个 RS-232 通道和 1 个 CAN 通道，可以很方便地使用。借助于 CAN232B，带 RS-232 接口的通信设备可以在不改变原有硬件结构的前提下，获得 CAN 通信接口，可以实现 CAN 总线数据与 RS-232 总线数据之间通信，同时 CAN232B 可作为产品配套模块直接嵌入用户的实际产品中。CAN232B 提供了一个标准的串行通信协议，包含基本的控制命令，通信参数的设置均由控制命令实现，能使用户快速地实现高效率的 CAN 通信应用。CAN232B 转换器适合 CAN 总线的小流量数据传输应用，最高可达 300 帧/秒的数据传输速率；采用表面安装工艺，板上自带光电隔离模块，实现完全电气隔离的控制电路；具有很强的抗干扰能力，大大提高了产品在恶劣环境中使用的可靠性；具有体积小巧、使用方便等特点，也是便携式系统用户的最佳选择之一；提供 PC 配置软件，用户可以按自己的需要对 CAN232B 进行配置；不仅可适应基本 CAN 总线产品，也可满足基于高层的协议，如 Modbus、DeviceNet 等的开发。

图 9-1　CAN232B 电路板

9.2.2 性能指标

- 支持 CAN 2.0A 和 CAN 2.0B 协议。
- 1 路 CAN 接口，传输速率为 5 kb/s～1 Mb/s。
- 1 路 RS-232 接口，传输速率为 1200～115200 b/s。
- 支持透明转换。

- 可实现 CAN 和 RS-232 的双向转换。
- CAN 总线接口采用光电隔离，1000 V_{rms} DC/DC 电源隔离。
- 工作电源为+9～+24 V（DC）。
- 工作温度为-40℃～+85℃。
- 安装方式可选标准 DIN 导轨安装或简单固定方式。

9.2.3　典型应用

- 现有 RS-232 设备连接 CAN 总线网络。
- 扩展标准 RS-232 网络通信距离。
- PLC 设备连接 CAN 总线网络。
- CAN 总线与串行总线之间的网关、网桥。
- 工业现场网络数据监控。
- CAN 总线工业自动化控制系统。
- 低速 CAN 总线网络数据采集、数据分析。
- 智能楼宇控制、数据广播系统等 CAN 总线应用系统。

9.2.4　配置说明

由于 CAN 总线和串口的通信参数较多，CAN232B 也开放了大部分的参数，可由用户自行定义，以满足实际应用场合的需要。参数的配置是通过专门的配置软件完成的，无须硬件跳线配置。

在正常使用之前，可以先配置好 CAN232B 的转换参数，如果没有进行配置，那么 CAN232B 执行的是上一次配置成功的参数（如果一次都没有配置，那么 CAN232B 就执行默认的配置参数）。

为了使 CAN232B 进入配置模式，设置了一个专门的配置开关——CAN 总线接口侧的 CFG（引脚 3）和 GND（引脚 4）。

CFG 接地后，CAN232B 上电后进入配置模式；CFG 引脚悬空时，CAN232B 上电进入正常工作模式。进入配置模式的步骤如下：

（1）将 CAN232B 的 CFG 和 GND 用导线连通，然后上电。

（2）用串口线连接 CAN232B 和计算机。

（3）打开计算机中的配置软件，进行参数设定。

用计算机中的配置软件对模块进行参数设定后，改变 CFG 跳线，重新上电后可进入正常工作模式。这里把串口通信功能分为发送和接收两部分，用户也可以使用一般的串口调试工具，若用此软件，在 CAN 发送区可以填写需要发送的数据字节，单击"发送"按钮，即可把数据加上此前设置的帧类型和 ID 一起发送到 CAN 总线上。

9.3　PC 端配置和测试软件说明

CAN232B 的 PC 端配置和测试软件运行界面如图 9-2 所示。

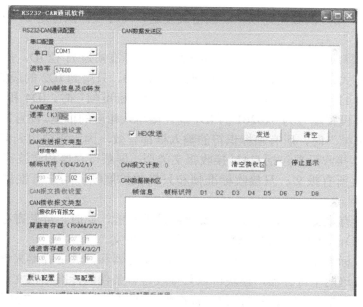

图9-2　PC端配置和测试软件运行界面

9.3.1　串口参数设置

串口波特率：1200 b/s～115 200 b/s。

CAN帧信息及帧ID转发：在CAN总线数据转换到串行数据时，可决定是否将CAN报文的帧信息及帧ID转换到串行数据中。如果选中（打钩√），表示将CAN报文的帧信息及帧ID转换到串行数据中，此时CAN接收区的帧信息、帧标识符、D1～D8会被显示出来，接收框会相应地显示，如图9-3所示。如果不需要，则不用选（去掉√），表示CAN报文的帧信息及帧ID不会转换到串行数据中，此时不会显示帧信息、帧标识符、D1～D8。接收区和一般的串口接收一样，只接收数据字节，适合透明转换的应用，原来RS-232无须修改协议便可以直接使用。

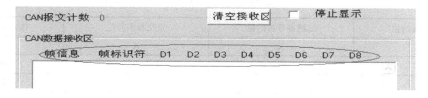

图9-3　串口参数设置

9.3.2　CAN参数设置

（1）速率：这里可以选择推荐的10种标准波特率，即5～1000 kb/s。

（2）CAN报文发送设置包括CAN发送报文类型和帧标识符。CAN发送报文类型分为标准帧和扩展帧，用户可根据自己的需要选择要发送的报文类型。选择标准帧，用户的数据将以标准帧格式发送，同时帧标识符是11位有效，所以ID4、ID3字节会变无效，只能配置ID2、

ID1；选择扩展帧，用户的数据则以扩展帧格式发送，同时帧标识符是 29 位有效，ID4～ID1 都要配置。

帧标识符是本模块发送到 CAN 总线上的 ID 号码，标准帧为 11 位 ID，扩展帧为 29 位 ID。

由于标准帧格式只有 11 位，所以用不到 ID4 和 ID3，只用到 ID2 的最低 3 位，以及 ID1 的全部 8 位，一共 11 位，如图 9-4 所示，当用户选择"标准帧"时，ID4 和 ID3 输入框无效。比如读者如果需要设置编号为 0x0261 的 ID，就直接写入相应的框里。注意扩展帧 29 位有效，当用户选择"扩展帧"时，所有帧标识符的输入框都有效，因为需要用到 ID4～ID1。

（3）CAN 报文接收设置包括 CAN 接收报文类型、屏蔽寄存器和滤波寄存器。CAN 接收报文类型分为接收所有报文、只接收标准帧和只接收扩展帧，用户可根据自己的需要选择 CAN 接收报文类型。

选择"接收所有报文"时，即关闭报文屏蔽滤波功能，此时，屏蔽寄存器和滤波寄存器无须设置（框变灰），模块将接收 CAN 总线上所有的报文。

选择"只接收标准帧"时，此时可以通过屏蔽寄存器和滤波寄存器来设置模块的屏蔽滤波功能，通过设置这两个寄存器，模块可以只接收符合条件的标准帧报文，如图 9-5 所示，屏蔽寄存器用来设置报文 ID 要校验的位（标准帧 11 位有效），1 表示该位需要校验，0 表示该位不需要校验。图中设置为 0x07ff，表示报文 ID 的 11 位都要校验。

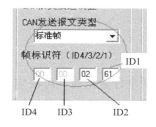

图 9-4　帧标识符设置（标准帧）

图 9-5　CAN 报文接收设置

滤波寄存器是配合屏蔽寄存器一起使用的，屏蔽寄存器需要校验的位，加上滤波寄存器在该位设置的值，只有符合表 9-3 给出的条件的报文才会被接收。

表 9-3　滤波寄存器和屏蔽寄存器相互关系

屏蔽寄存器的位	过滤寄存器的位	报文标识符位	接收或拒绝位
0	X	X	接收
1	0	0	接收
1	0	1	拒绝
1	1	0	拒绝
1	1	1	接收

注：X 为任意值。

因此，图 9-5 中滤波寄存器设置为 0x0260 时，总线上只有报文 ID 为 0x0260 的报文才会被接收。此功能可以屏蔽一些报文的接收，提高总线的利用率。

选择"只接收扩展帧"和选择"只接收标准帧"情况相似，不做过多说明，注意扩展帧有 29 位。

9.3.3　按钮说明

默认配置：可以将参数恢复成出厂的默认值。

写配置：在参数设定好之后，单击该按钮可将参数写入 CAN232B。

注意：当单击"默认配置"和"写配置"按钮后会出现如图 9-6 所示的提示，表示配置成功，否则请检查 CFG 跳线后再打开软件进行配置。

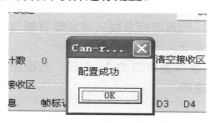

图 9-6　配置按键

图 9-7 所示就是将标准帧信息字节"02+61+01+02+03+04+05+06+07+08"发到 CAN 总线上。

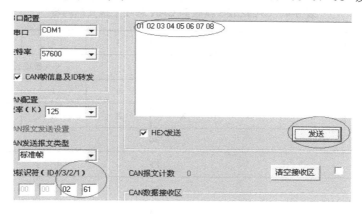

图 9-7　发送标准帧信息字节到 CAN 总线上

CAN 数据接收区设置了 CAN 报文计数功能后，会实时显示总线上所收到多少帧报文，并对报文进行整理，按照 CAN 协议进行显示，可直观反映 CAN 报文信息，如图 9-8 所示。

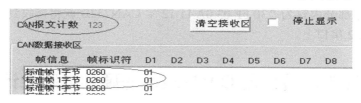

图 9-8　CAN 数据接收区显示的 CAN 报文信息

9.3.4　应用注意事项

建议在低速系统中使用，CAN232B 不适用于高速数据传输。

在 CAN232B 的使用或者测试过程中，CAN 网络需加上一对终端电阻，否则可能导致通信不成功。

在配置模式切换到正常工作模式后，CAN232B 必须重新上电一次，否则执行的仍然是原来的工作模式，而不能成功实现切换。上电断电过程不要太短暂。

由于 CAN 总线是半双工的，所以在数据转换过程中，必须保证两侧总线数据的有序性。如果两侧总线同时向 CAN232B 发送大量数据，将可能导致数据的转换不完全。

使用 CAN232B 时，应该注意两侧总线的波特率和发送数据时间间隔的合理性，转换时应考虑波特率较低的总线数据承受能力。比如在 CAN 总线数据转换为串行数据的时候，CAN 总线的速率能达到数千帧每秒，但是串行总线只能到数百帧每秒，所以当 CAN 总线的速率过快时可能会导致数据转换不完全。

一般情况下，CAN 总线的速率是串口的 2～3 倍，数据流透明转换时，串口发送方的速率要小于或等于串口接收方的速率。

9.3.5　CAN 总线数据转发到串口示例

CAN232B 接收到 CAN 总线上报文的内容如表 9-4 所示。

表 9-4　CAN232B 接收到 CAN 总线上报文的内容

	7	6	5	4	3	2	1	0
字节 1	0	0	X	X	6（数据长度）			
字节 2	0	1	1	0	0	1	0	0
字节 3	1	0	1	X	X	X	X	X
字节 4	30							
字节 5	FF							
字节 6	03							
字节 7	0A							
字节 8	11							
字节 9	12							

其中报文数据部分内容为"30 FF 03 0A 11 12"，CAN232B 就将接收到的 CAN 帧中数据部分发送到 RS-232 串口上。

9.4　CAN 串口转换器 CAN232B 的硬件电路设计

9.4.1　电路 PCB 设计

CAN232B 的硬件电路设计以 ATMEL 的单片机 ATMEGA48V 为核心，它配合 Microchip 的 MCP2551 芯片扩展出 CAN 总线信号，这个 CAN 总线信号经过两个 6N137 光电耦合器隔离后接到 MCP2551 扩展出 CAN 总线物理接口。ATMEGA48V 配 MAX232 芯片扩展出 RS-232。

CAN232B还包括了以34063AP芯片为主的稳压电路,将外部9~24 V的供电电压稳定到5 V,供内部芯片使用。

CAN232B 的 PCB 图如图 9-9 所示。

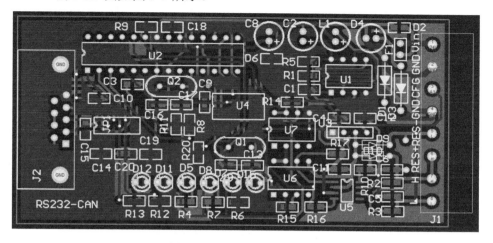

图 9-9　CAN232B 的 PCB 图

本书配套的开发资料包中有 CAN232B 的 PCB 设计文件,读者可以将整个或部分 PCB 嵌入自己的系统中。如果去掉稳压电路和光电隔离部分,只保留核心的 CAN 转 TTL 电平串口的功能,则可以将整个电路板面积减半。读者也可以直接将单片机芯片、CAN 芯片嵌入自己的产品中,这样占用的电路板面积更小。为了达到这个目的,本书配套的开发资料包中还给出了电路设计原理图、SCH 文件。

9.4.2　电路原理图设计

CAN232B 的电路设计原理图如图 9-10 所示,本书配套的开发资料包里有源文件。

9.5　在 Delphi 中用 SPCOMM 实现 PC 端串口编程

Delphi 是一种具有功能强大、简便易用和代码执行速度快等优点的可视化快速应用的开发工具,它在构架企业信息系统方面发挥着越来越重要的作用,许多程序员都选择 Delphi 作为开发工具来编制各种应用程序。美中不足之处是,Delphi 没有自带的串口通信控件,在它的帮助文档里也没有提及串口通信,这就给编制通信程序的开发人员带来了许多不便。

目前,利用 Delphi 实现串口通信的常用的方法有三种:一是利用控件,如 MSCOMM 控件和 SPCOMM 控件;二是利用 API 函数;三是调用其他串口通信程序。其中利用 API 编写串口通信程序较为复杂,需要掌握大量的通信知识。相比较而言,利用 SPCOMM 控件则相对简单,并且该控件具有丰富的、与串口通信密切相关的属性及事件,提供了对串口的各种操作,而且还支持多线程。下面将结合实例详细介绍 SPCOMM 控件的安装和使用。

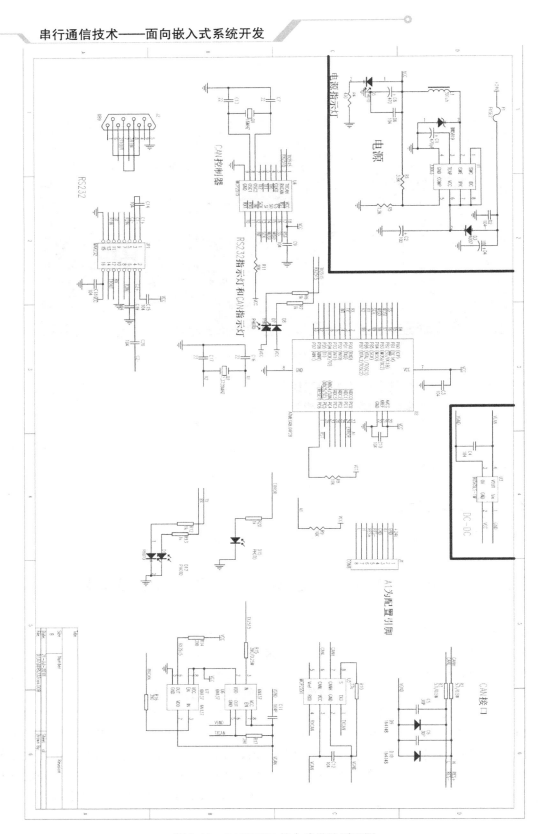

图 9-10　CAN232B 的电路设计原理图

9.5.1　SPCOMM 控件的安装

（1）在 Delphi 开发界面选择下拉菜单"Component"中的"Install Component"选项，弹出窗口。在"Unit file name"处填写 SPCOMM 控件所在的路径，其他各项可用默认值，单击"OK"按钮。

（2）安装后，在系统的控件面板中将出现一个红色控件 COM，现在就可以像 Delphi 自带控件一样使用 COM 控件了。

9.5.2　SPCOMM 的属性、方法和事件

1. 属性

● CommName：表示 COM1、COM2 等的名字。
● BaudRate：根据实际需要设定的波特率，在串口打开后也可更改此值，实际波特率随之更改。
● ParityCheck：表示是否需要奇偶校验。
● ByteSize：根据实际情况设定的字节长度。
● Parity：奇偶校验位。
● StopBit：停止位。
● SendDataEmpty：这是一个布尔型属性，为 True 时表示发送缓存为空，或者发送队列里没有信息；为 False 时表示发送缓存不为空，或者发送队列里有信息。

2. 方法

StartComm 方法：用于打开串口，当打开失败时通常会报错，错误主要有 7 种：串口已经打开、打开串口错误、文件句柄不是通信句柄、不能安装通信缓存、不能产生事件、不能产生读进程、不能产生写进程。

StopComm 方法：用于关闭串口，没有返回值。

WriteCommData(pDataToWrite:PChar;dwSizeofDataToWrite:Word)方法：这是一个带有布尔型返回值的函数，用于将一个字符串发送到写进程，发送成功时返回 True，发送失败时返回 False。执行此函数将立即得到返回值，发送操作随后执行。该函数有两个参数：pDataToWrite 是要发送的字符串；dwSizeofDataToWrite 是发送字符串的长度。

3. 事件

● OnReceiveData:procedure(Sender: TObject;Buffer: Pointer;BufferLength: Word)
当有数据输入缓存时将触发该事件，在这里可以对串口收到的数据进行处理。Buffer 中是收到的数据，BufferLength 是收到的数据长度。

● OnReceiveError:procedure(Sender: TObject; EventMask : DWORD)
当接收数据出现错误时将触发该事件。

9.5.3　SPCOMM 的使用

下面是一个利用 SPCOMM 控件的串口通信的例子。以实现 PC 与单片机 8051 之间的通信为例，首先要调通它们之间的握手信号。假定它们之间的通信协议是：PC 到 8051 一帧数

据有 6 个字节，8051 到 PC 一帧数据也为 6 个字节。当 PC 发出（F0、01、FF、FF、01、F0）后 8051 能收到一帧（F0、01、FF、FF、01、F0），表示数据通信握手成功，两者之间就可以按照协议相互传输数据。

创建一个新的工程 COMM.dpr，把窗口的 NAME 属性定为 FCOMM，把窗口的标题定义为测试通信，按照图 9-2 添加控件。注意，SPCOMM 控件在图 9-2 中已经不可见了。

（1）设定 COMM1 属性。

● 波特率：4800 b/s。

● 奇偶校验位：无。

● 字节长度：8。

● 停止位：1。

● 串口：COM1。

（2）编写源代码。

```
//变量说明
var
fcomm: TFCOMM;
viewstring:string;
i:integer;
rbuf,sbuf:array[16] of byte;
//打开串口
procedure TFCOMM.FormShow(Sender: TObject);
    begin
        comm1.StartComm;
    end;
//关闭串口
procedure TFCOMM.FormClose(Sender: TObject; var Action: TCloseAction);
    begin
        comm1.StopComm;
    end;
//自定义发送数据过程
procedure senddata;
var
i:integer;
commflg:boolean;
    begin
        viewstring:=' ';
        commflg:=true;
        for i:=1 to 6 do
            begin
                if not fcomm.comm1.writecommdata(@sbuf[i],1) then
                begin
                    commflg:=false;
                    break;
                end;
                //发送时字节间的延时
                sleep(2);
```

```
                    viewstring:=viewstring+ inttohex(sbuf[i],2)+' ' ; end;
                    viewstring:= '发送'+ viewstring;
                    fcomm.memo1.lines.add(viewstring);
                    fcomm.memo1.lines.add(' ');
                    if not commflg then messagedlg('发送失败 ！',mterror,[mbyes],0);
              end;
//发送按钮的单击事件
procedure TFCOMM.Btn_sendClick(Sender: TObject);
    begin
        sbuf[1]:=byte( $  f0);    //帧头
        sbuf[2]:=byte( $  01);    //命令号
        sbuf[3]:=byte( $  ff);
        sbuf[4]:=byte( $  ff);
        sbuf[5]:=byte( $  01);
        sbuf[6]:=byte( $  f0);    //帧尾
        senddata;                 //调用发送函数
    end;
//接收过程
procedure TFCOMM.Comm1ReceiveData(Sender: TObject; Buffer: Pointer;BufferLength: Word);
var
i:integer;
    begin
        viewstring:= ' ' ;
        move(buffer^,pchar(@rbuf^),bufferlength);
        for i:=1 to bufferlength do
            viewstring:=viewstring+ inttohex(rbuf[i],2)+' ' ;
            viewstring:= '接收'+ viewstring;
              memo1.lines.add(viewstring);
        memo1.lines.add(' ');
    end;
```

如果显示发送 "F0 01 FF FF 01 F0"，以及接收到 "F0 01 FF FF 01 F0"，这表示串口已正确地发送出数据并接收到数据，串口通信成功。

9.6　CAN232B 的 PC 端程序源代码

CAN232B 的 PC 端的程序使用 Delphi 基于 SPCOMM 控件编写，本书配套的开发资料包中有源代码和可执行文件。主要功能有：

（1）对 CAN232B 的设置，包括串口和 CAN 总线的参数设置。

（2）把 CAN 总线收到的数据向串口转发。

（3）把串口收到的数据向 CAN 总线转发。

源代码如下所示。

```
unit Unit1;
interface
uses
```

```
        Windows, Messages, SysUtils, Variants, Classes, Graphics, Controls, Forms,
        Dialogs, StdCtrls, SPComm, Grids, DBGrids, DB, DBTables, OleCtrls,
        MSCommLib_TLB,INIFiles;
    type
        TForm1 = class(TForm)
        GroupBox1: TGroupBox;
        GroupBox2: TGroupBox;
        Button2: TButton;
        CheckBox1: TCheckBox;
        CheckBox2: TCheckBox;
        Label12: TLabel;
        GroupBox4: TGroupBox;
        Label13: TLabel;
        Label15: TLabel;
        Label16: TLabel;
        Label17: TLabel;
        Label18: TLabel;
        Label19: TLabel;
        Label20: TLabel;
        Label21: TLabel;
        Memo1: TMemo;
        Label14: TLabel;
        Label22: TLabel;
        Comm1: TComm;
        GroupBox5: TGroupBox;
        Label10: TLabel;
        ComboBox5: TComboBox;
        Label11: TLabel;
        ComboBox6: TComboBox;
        GroupBox6: TGroupBox;
        Label5: TLabel;
        ComboBox1: TComboBox;
        Label6: TLabel;
        ComboBox2: TComboBox;
        Label23: TLabel;
        Edit14: TEdit;
        Edit15: TEdit;
        Edit16: TEdit;
        Edit17: TEdit;
        Button1: TButton;
        Button3: TButton;
        Memo2: TMemo;
        Button4: TButton;
        Label1: TLabel;
        Label2: TLabel;
        Label3: TLabel;
        Button5: TButton;
        CheckBox3: TCheckBox;
```

```
        Label4: TLabel;
        ComboBox3: TComboBox;
        Label7: TLabel;
        Label8: TLabel;
        Label9: TLabel;
        Edit1: TEdit;
        Edit2: TEdit;
        Edit3: TEdit;
        Edit4: TEdit;
        Label24: TLabel;
        Edit5: TEdit;
        Edit6: TEdit;
        Edit7: TEdit;
        Edit8: TEdit;
        procedure SendHex(S: String);
    //procedure ComboBox2Change(Sender: TObject);
    //procedure ComboBox1Change(Sender: TObject);
    //procedure ComboBox4Change(Sender: TObject);
        procedure Button2Click(Sender: TObject);
        procedure ComboBox5Change(Sender: TObject);
        procedure FormCreate(Sender: TObject);
        procedure FormClose(Sender: TObject; var Action: TCloseAction);
        procedure Comm1ReceiveData(Sender: TObject; Buffer: Pointer;
            BufferLength: Word);
        procedure CheckBox1Click(Sender: TObject);
        procedure Button1Click(Sender: TObject);
        procedure ComboBox6Change(Sender: TObject);
        procedure Button3Click(Sender: TObject);
        procedure Button4Click(Sender: TObject);
        procedure Button5Click(Sender: TObject);
        procedure CheckBox3Click(Sender: TObject);
        procedure ComboBox2Change(Sender: TObject);
        procedure ComboBox3Change(Sender: TObject);
    //procedure Comm1SendDataEmpty(Sender: TObject);
        private    { Private declarations }
        public     { Public declarations }
end;
var    Form1: TForm1; //modeset:boolean;
    count:word;
implementation
{$R *.dfm}
procedure TForm1.ComboBox5Change(Sender: TObject);
    begin
        Comm1.BaudRate:= strtoint(ComboBox5.Text);  //设置 PC 串口波特率
    end;
procedure TForm1.SendHex(S: String);
var
    s2:string;
```

```pascal
        buf1:array[0..500] of char;
        i:integer;
begin
        s2:='';
        for i:=1 to    length(s) do
        begin
            if ((copy(s,i,1)>='0') and (copy(s,i,1)<='9'))or((copy(s,i,1)>='a') and (copy(s,i,1)<='f'))
            or((copy(s,i,1)>='A') and (copy(s,i,1)<='F')) then
            begin
                s2:=s2+copy(s,i,1);
            end;
        end;
        for i:=0 to (length(s2) div 2-1) do
            buf1[i]:=chr(strtoint('$'+copy(s2,i*2+1,2)));
            Comm1.WriteCommData(buf1,(length(s2) div 2));
        end;
procedure TForm1.Button2Click(Sender: TObject);
var
    p:pchar;   x:integer;
begin
//Comm1.BaudRate:= strtoint(ComboBox5.Text);
    if Checkbox2.Checked then
        SendHex(Memo2.Lines.Text)                //发送十六进制数
    else begin
        x:=Length(Memo2.Lines.Text);             //发送字符
        p:=Pchar(Memo2.Lines.Text);
        Comm1.WriteCommData(p,x);
    end;
end;
procedure TForm1.FormCreate(Sender: TObject);
begin
    memo2.Clear;                                 //发送区清空
    memo1.Clear;                                 //接收区清空
    With TINIFile.Create('d.ini') do             //打开已创建的 d.ini
    begin
        ComboBox6.Text:= ReadString('MySetting', 'ComboBox6_text', 'COM1');
        ComboBox5.Text:= ReadString('MySetting', 'ComboBox5_text', '57600');
        ComboBox1.Text:= ReadString('MySetting', 'ComboBox1_text', '125');
        ComboBox2.Text:= ReadString('MySetting', 'ComboBox2_text', '标准帧');
        ComboBox3.Text:= ReadString('MySetting', 'ComboBox3_text', '接收所有报文');
        Edit14.Text:= ReadString('MySetting', 'edit14_text', '00');
        Edit15.Text:= ReadString('MySetting', 'edit15_text', '00');
        Edit16.Text:= ReadString('MySetting', 'edit16_text', '00');
        Edit17.Text:= ReadString('MySetting', 'edit17_text', '00');
        Edit1.Text:= ReadString('MySetting', 'edit1_text', '00');
        Edit2.Text:= ReadString('MySetting', 'edit2_text', '00');
        Edit3.Text:= ReadString('MySetting', 'edit3_text', '00');
        Edit4.Text:= ReadString('MySetting', 'edit4_text', '00');
```

```
        Edit5.Text:= ReadString('MySetting', 'edit5_text', '00');
        Edit6.Text:= ReadString('MySetting', 'edit6_text', '00');
        Edit7.Text:= ReadString('MySetting', 'edit7_text', '00');
        Edit8.Text:= ReadString('MySetting', 'edit8_text', '00');
        combobox6.ItemIndex:=ReadInteger('MySetting', 'ComboBox6_ItemIndex', 0);      //串口名称
        combobox5.ItemIndex:=ReadInteger('MySetting', 'ComboBox5_ItemIndex', 6);      //串口名称
        combobox1.ItemIndex:=ReadInteger('MySetting', 'ComboBox1_ItemIndex', 3);      //串口名称
        combobox2.ItemIndex:=ReadInteger('MySetting', 'ComboBox2_ItemIndex', 0);      //串口名称
        combobox3.ItemIndex:=ReadInteger('MySetting', 'ComboBox3_ItemIndex', 0);      //串口名称
        CheckBox3.Checked:= ReadBool('MySetting', 'CheckBox3_Checked', true);         //串口名称
        edit14.Enabled:= ReadBool('MySetting', 'edit14_Enabled', false);
        edit15.Enabled:= ReadBool('MySetting', 'edit15_Enabled', false);
        edit1.Enabled:= ReadBool('MySetting', 'edit1_Enabled', false);
        edit2.Enabled:= ReadBool('MySetting', 'edit2_Enabled', false);
        edit3.Enabled:= ReadBool('MySetting', 'edit3_Enabled', false);
        edit4.Enabled:= ReadBool('MySetting', 'edit4_Enabled', false);
        edit5.Enabled:= ReadBool('MySetting', 'edit5_Enabled', false);
        edit6.Enabled:= ReadBool('MySetting', 'edit6_Enabled', false);
        edit7.Enabled:= ReadBool('MySetting', 'edit7_Enabled', false);
        edit8.Enabled:= ReadBool('MySetting', 'edit8_Enabled', false);
    end;
    Comm1.StopComm;                              //关闭串口
    Comm1.CommName:= ComboBox6.Text;             //串口 1
    Comm1.BaudRate:= strtoint(ComboBox5.Text);;  //串口波特率为 57600 b/s
    comm1.StartComm;                             //打开串口
    label3.Caption:='0';
    count:=0;
end;
procedure TForm1.FormClose(Sender: TObject; var Action: TCloseAction);
begin
    comm1.StopComm;
    With TINIFile.Create('d.ini') do
    begin
        WriteString('MySetting', 'ComboBox6_text', ComboBox6.Text);   //串口名称
        WriteString('MySetting', 'ComboBox5_text', ComboBox5.Text);   //串口波特率
        WriteString('MySetting', 'ComboBox1_text', ComboBox1.Text);   //CAN 波特率
        WriteString('MySetting', 'ComboBox2_text', ComboBox2.Text);   //CAN 帧类型
        WriteString('MySetting', 'ComboBox3_text', ComboBox3.Text);   //CAN 帧类型
        WriteString('MySetting', 'edit14_text', edit14.Text);   //同上
        WriteString('MySetting', 'edit15_text', edit15.Text);   //同上
        WriteString('MySetting', 'edit16_text', edit16.Text);   //同上
        WriteString('MySetting', 'edit17_text', edit17.Text);   //同上
        WriteString('MySetting', 'edit1_text', edit1.Text);   //同上
        WriteString('MySetting', 'edit2_text', edit2.Text);   //同上
        WriteString('MySetting', 'edit3_text', edit3.Text);   //同上
        WriteString('MySetting', 'edit4_text', edit4.Text);   //同上
        WriteString('MySetting', 'edit5_text', edit5.Text);   //同上
        WriteString('MySetting', 'edit6_text', edit6.Text);   //同上
```

```
            WriteString('MySetting', 'edit7_text', edit7.Text);              //同上
            WriteString('MySetting', 'edit8_text', edit8.Text);              //同上
            WriteInteger('MySetting', 'ComboBox6_ItemIndex', ComboBox6.ItemIndex);      //串口名称
            WriteInteger('MySetting', 'ComboBox5_ItemIndex', ComboBox5.ItemIndex);      //串口名称
            WriteInteger('MySetting', 'ComboBox1_ItemIndex', ComboBox1.ItemIndex);      //串口名称
            WriteInteger('MySetting', 'ComboBox2_ItemIndex', ComboBox2.ItemIndex);      //串口名称
            WriteInteger('MySetting', 'ComboBox3_ItemIndex', ComboBox3.ItemIndex);      //串口名称
            WriteBool('MySetting', 'CheckBox3_Checked', CheckBox3.Checked);             //串口名称
            WriteBool('MySetting', 'edit14_Enabled', edit14.Enabled);                  //串口名称
            WriteBool('MySetting', 'edit15_Enabled', edit15.Enabled);                  //串口名称
            WriteBool('MySetting', 'edit1_Enabled', edit1.Enabled);
            WriteBool('MySetting', 'edit2_Enabled', edit2.Enabled);
            WriteBool('MySetting', 'edit3_Enabled', edit3.Enabled);
            WriteBool('MySetting', 'edit4_Enabled', edit4.Enabled);
            WriteBool('MySetting', 'edit5_Enabled', edit5.Enabled);
            WriteBool('MySetting', 'edit6_Enabled', edit6.Enabled);
            WriteBool('MySetting', 'edit7_Enabled', edit7.Enabled);
            WriteBool('MySetting', 'edit8_Enabled', edit8.Enabled);
        end;
        TINIFile.Create('d.ini').Destroy;
end;
procedure TForm1.Comm1ReceiveData(Sender: TObject; Buffer: Pointer;
    BufferLength: Word);
var
    tmpArray:array of Byte;
    //dat: array[0..1000] of Byte;
    i: Word;
    //j: Word;
    a,b,c,d:Word;
    ss:string;
    str:string;
begin
    str:='配置成功';
    setlength(tmpArray, BufferLength);
    CopyMemory(@tmpArray[0], Buffer, BufferLength);
    //c:= BufferLength;
    if((tmpArray[0]=$06) and (tmpArray[1]=$04) and (BufferLength=2) )then //收到 06 04，表示配置成功
        begin
            showmessage(Pchar(str));
            Comm1.BaudRate:= strtoint(ComboBox5.Text);
        end
    else
        begin
        if   CheckBox3.Checked=true then                          //如果 ID 转发
            begin
                a:=BufferLength;                                  //保存原初的数据长度
                c:=a;
                while(c>0)
```

```
do
    begin
    if(a>=c)    then
        begin
        b:=a-c;
            if((tmpArray[b]and $70)<>0)      then
            exit;
            d:= (tmpArray[b] and $0F);
            if((tmpArray[b] and $80)=$80)    then        //扩展帧
                begin
                ss:='扩展帧  '+ IntToHEX(d,1)+'字节';          //帧类型
                ss:=ss+IntToHEX(tmpArray[1+b],2)+IntToHEX(tmpArray[2+b],2)+
                        IntToHEX(tmpArray[3+b],2)+
                        IntToHEX(tmpArray[4+b],2);        //帧 ID
                ss:=ss+'               ';                 //8 个空格
    for i:=1 to d do
        begin
            ss:= ss+ IntToHEX(tmpArray[4+b+i],2)+'      ';    //CAN 总线数据
        end;
    c:=c-5-d;
    //c 至少有 5 个字节（没有远程帧）
    if((c>a) or ((c<=5) and (c>0))) then
        exit
    else
        begin
            Memo1.Lines.Add(ss);
            count:=count+1;
            label3.Caption:=inttostr(count);
        end;
    end
else
    begin
    //标准帧
        ss:='标准帧  '+ IntToHEX(d,1)+'字节';
        ss:=ss+IntToHEX(tmpArray[1+b],2)+IntToHEX(tmpArray[2+b],2);
        ss:=ss+'                  ';                //14 个空格
        for i:=1 to d do
            begin
                ss:= ss + IntToHEX(tmpArray[2+b+i],2)+'      ';
            end;
                c:=c-3-d;
                //c 至少有 3 个字节
                if((c>a) or ((c<=3) and (c>0))) then
                exit
                else
            begin
                Memo1.Lines.Add(ss);
                count:=count+1;
```

```
                                label3.Caption:=inttostr(count);
                            end;
                        end;
                    end;
                end;
            end
        else      //如果不转发
          begin
          for i:=0 to (BufferLength-1) do
                begin
                ss:= ss + IntToHEX(tmpArray[i],2)+'      ';
                end;
            Memo1.Lines.Add(ss);
            count:=count+1;
            label3.Caption:=inttostr(count);
            //Memo1.Text:=Memo1.Text+ss;
          end;
      end;
end;
procedure TForm1.CheckBox1Click(Sender: TObject);
begin
   if CheckBox1.Checked then
        comm1.StopComm
   else
        comm1.StartComm;
end;
procedure TForm1.Button1Click(Sender: TObject);
var st:string;
      CanCmd:byte;          //帧类型字符
      canrate:byte;         //CAN 波特率字符
      pcrate:byte;
      k:integer;
       i:integer;
        j:integer;
        l:integer;
begin
//起始字节  串口波特率值    CAN 帧信息    CAN 帧标识符  CAN 波特率值  结束符字节
//7E          1 字节          1 字节        4 字节        1 字节          00
   Comm1.BaudRate:=57600;    //配置状态下串口波特率为 57600
   k:= ComboBox2.ItemIndex;  //设置 CAN 帧类型
   case k of
      0: begin
           CanCmd:= 00;        //标准帧
         end;
      1: begin
           CanCmd:= $80;       //扩展帧
         end
   else
```

```
            CanCmd:= 00;        end;
      l:= ComboBox3.ItemIndex;
    case l of
        0: begin
            CanCmd:= CanCmd +$03;
          end;
        1: begin
            CanCmd:= CanCmd +$01;
          end;
        2: begin
            CanCmd:= CanCmd +$02;
          end
      else
            CanCmd:= CanCmd +$03;
          end;
    i:= ComboBox1.ItemIndex;    //设置模块 CAN 速率
    case i of
        0: begin
            canrate:=00;        //1000 kb/s
          end;
        1: begin
            canrate:=01;        //500 kb/s
          end;
        2: begin
            canrate:=02;        //250 kb/s
          end;
        3: begin
            canrate:=03;        //125 kb/s
          end;
        4: begin
            canrate:=04;        //100 kb/s
          end;
        5: begin
            canrate:=05;        //50 kb/s
          end;
        6: begin
            canrate:=06;        //40 kb/s
          end;
        7: begin
            canrate:=07;        //20 kb/s
          end;
        8: begin
            canrate:=08;        //10 kb/s
          end;
        9: begin
            canrate:=09;        //5 kb/s
          end
      else
```

```
                canrate:=03;        //125 kb/s
            end;
        j:= ComboBox5.ItemIndex;    //设置模块串口速度
        case j of
            0: begin
                pcrate:=00;         //1200 kb/s
            end;
            1: begin
                pcrate:=01;         //2400 kb/s
            end;
            2: begin
                pcrate:=02;         //4800 kb/s
            end;
            3: begin
                pcrate:=03;         //9600 kb/s
            end;
            4: begin
                pcrate:=04;         //19200 kb/s
            end;
            5: begin
                pcrate:=05;         //38400 kb/s
            end;
            6: begin
                pcrate:=06;         //57600 kb/s
            end;
            7: begin
                pcrate:=07;         //115200 kb/s
            end
            else
                pcrate:=06;         //57600 kb/s
            end;
        if CheckBox3.Checked then    //
            st:='7E'+IntToHEX(pcrate,2)+IntToHEX(CanCmd,2)+Edit14.Text+Edit15.Text+Edit16.Text+Edit17.
Text+IntToHEX(canrate,2)+'01'+Edit1.Text+Edit2.Text+Edit3.Text+Edit4.Text+Edit5.Text+Edit6.Text+Edit7.Tex
t+Edit8.Text+'00'
        else
            st:='7E'+IntToHEX(pcrate,2)+IntToHEX(CanCmd,2)+Edit14.Text+Edit15.Text+Edit16.Text+Edit17.
Text+IntToHEX(canrate,2)+'ff'+Edit1.Text+Edit2.Text+Edit3.Text+Edit4.Text+Edit5.Text+Edit6.Text+Edit7.Text
+Edit8.Text+'00';
        SendHex(st);
        //modeset:=true;
        //CheckBox3.Enabled:=false;
    end;
procedure TForm1.ComboBox6Change(Sender: TObject);
begin
        comm1.StopComm;             //改变串口时必须先关闭串口
        Comm1.CommName:= ComboBox6.Text;
        comm1.StartComm;
```

```
end;
procedure TForm1.Button3Click(Sender: TObject);
begin
    Comm1.CommName:= 'COM1';        //串口 1
    Comm1.BaudRate:= 57600;          //串口波特率为 57600
    ComboBox6.ItemIndex:=0;          //显示 COM1
    ComboBox5.ItemIndex:=6;          //显示 57600
    ComboBox1.ItemIndex:=3;          //CAN 速率为 125 kb/s
    ComboBox2.ItemIndex:=0;          //标准帧
    edit14.Text:='00';
    edit15.Text:='00';
    edit16.Text:='00';
    edit17.Text:='00';
    CheckBox3.Checked:=true;
    SendHex('7E060300000000000301000000000000000000');        //发送到模块
    //modeset:=true;
  //CheckBox3.Enabled:=false;
end;
procedure TForm1.Button4Click(Sender: TObject);
begin
    memo2.Clear;
end;
procedure TForm1.Button5Click(Sender: TObject);
begin
  memo1.Clear; //接收区清空
  count:=0;
  label3.Caption:=inttostr(count);
end;
procedure TForm1.CheckBox3Click(Sender: TObject);
begin
    if    CheckBox3.Checked=false then
      begin
      label13.Visible:=false;
      label15.Visible:=false;
      label16.Visible:=false;
      label17.Visible:=false;
      label18.Visible:=false;
      label19.Visible:=false;
      label20.Visible:=false;
      label21.Visible:=false;
      label14.Visible:=false;
      label22.Visible:=false;
      end
    else
      begin
      label13.Visible:=true;
      label15.Visible:=true;
      label16.Visible:=true;
```

```
                label17.Visible:=true;
                label18.Visible:=true;
                label19.Visible:=true;
                label20.Visible:=true;
                label21.Visible:=true;
                label14.Visible:=true;
                label22.Visible:=true;
            end
    end;
procedure TForm1.ComboBox2Change(Sender: TObject);
begin
        if combobox2.ItemIndex=0 then
            begin
                edit14.Enabled:=false;
                edit15.Enabled:=false;
            end
        else
            begin
                if combobox2.ItemIndex=1 then
                    begin
                    edit14.Enabled:=true;
                    edit15.Enabled:=true;
                    end;
            end;
    end;
procedure TForm1.ComboBox3Change(Sender: TObject);
begin
    if    ComboBox3.ItemIndex=1 then        //接收标准帧报文
        begin
            edit1.Enabled:=false;
            edit2.Enabled:=false;
            edit3.Enabled:=true;
            edit4.Enabled:=true;
            edit5.Enabled:=false;
            edit6.Enabled:=false;
            edit7.Enabled:=true;
            edit8.Enabled:=true;
        end;
    if    ComboBox3.ItemIndex=2 then        //接收扩展帧报文
        begin
            edit1.Enabled:=true;
            edit2.Enabled:=true;
            edit3.Enabled:=true;
            edit4.Enabled:=true;
            edit5.Enabled:=true;
            edit6.Enabled:=true;
            edit7.Enabled:=true;
            edit8.Enabled:=true;
```

```
        end;
    if      ComboBox3.ItemIndex=0 then          //接收标准帧报文
        begin
            edit1.Enabled:=false;
            edit2.Enabled:=false;
            edit3.Enabled:=false;
            edit4.Enabled:=false;
            edit5.Enabled:=false;
            edit6.Enabled:=false;
            edit7.Enabled:=false;
            edit8.Enabled:=false;
        end;
    end;
end.
```

9.7　内部单片机的软件开发设计

CAN232B 的单片机的程序采用 C 语言编写，本书配套的开发资料包中有源代码和已编译的 HEX 格式文件。正如源代码开头部分所写的，本软件的目的是完成 RS-232 与 CAN 之间转换，烧写软件为 ICCAVR，硬件为 ATMEGA48V 单片机和 MCP2515 的 CAN 扩展芯片。

本软件实现简单的 RS-232 到 CAN、CAN 到 RS-232 的数据透明双向转换。通过 RS-232 将串口数据流发给单片机 ATMEGA48V，下位机将数据自动分段发往 CAN 总线，CAN 总线通过自接收将接收到的数据发往 RS-232。该系统中下位机的 UART0 和 CAN 总线全部工作在中断模式下。

单片机的整个程序代码如下所述。

```
/****************************************************************************/
/* Purpose：完成 RS232 与 CAN 转换 */
/* Software：ICCAVR                */
/* Hardware：ATMEGA48V+MCP2515 */
/*描述：实现简单的 RS-232 到 CAN 以及 CAN 到 RS-232 的数据透明转换。通过 RS-232 将串口数据流
发给 CAN 总线，下位机将数据自动分段发往 CAN 总线，CAN 总线将接收到的数据发往 RS-232。该系统中
下位机的 UART0 和 CAN 全部工作在中断模式下。
    CAN 波特率设置协议
        00      01      02      03      04      05    06    07    08    09
        1000    500     250     125     100     50    40    20    10    5     kb/s
#include <iom48v.h>
#include <macros.h>
//#include <string.h>
#include "mcp2515.h"
#include<eeprom.h>
#define fosc 7372800                //晶体振荡器频率为 7.3728 MHz
/*****************************函数原型定义*****************************/
void init_SPI (void);
void reset_MCP (void);
```

```c
void write_MCP (unsigned char adress, unsigned char value);
unsigned char read_MCP(unsigned char adress);
void send_box_0 (void);
//void send_box_1 (void);              //void send_box_2 (void);
//void wait(unsigned int n);
void init_can(void);
void bit_modify(unsigned char adress,unsigned char cc, unsigned char value);
//void delay_1ms(void);
//void CanHexToRs232ASCII(unsigned char *Buf,unsigned char iBYTE);
unsigned char getonechar(void);
//void RS232DataToCan(void);
void uart_init(unsigned char baud);
void putc(unsigned char c);
//void HC595_SENDDAT(char dat);
//void floor_display(unsigned char data);
void delay(unsigned int n);
//void putstr(unsigned char *s);
//void key_scan(void);
void canspeedset(void);
void watchdoginit(void);
/*******************************变量定义*******************************/
unsigned char str0[13];                           //CAN 总线信息帧
unsigned char str1[13];
volatile unsigned char CanSendFlag=0;             //CAN 总线发送标志
volatile unsigned char CanSetmode=0;              //CAN 总线设置数据帧
unsigned char UartStatus=0,RcvCounter=0;          //RS-232 信息变量
unsigned char SRBuf[16];                          //串口接收缓冲区
unsigned char SRBuf1[16];                         //串口接收缓冲区备份
unsigned char ESRBuf1[16];                        //设置数据缓冲区
unsigned char ESRBuf2[16];                        //设置数据缓冲区
unsigned char ESRBuf[16];                         //设置数据缓冲区
volatile unsigned char canbaud;                   //CAN 总线设置标志
volatile unsigned char CanRec0Flag=0,CanRec1Flag=0; //CAN 总线帧接收标志
unsigned char cannum0,cannum1;                    //CAN 总线数据个数
unsigned char normal=0;                           //CAN 总线正常工作模式
unsigned char mode=0;                             //设置标志位
unsigned char buff[40];                           //数据流缓冲区
unsigned int count=0;                             //数据流个数
//unsigned char UStatus=3;                        //正常接收状态
unsigned int num=0;
unsigned char fensend=0;                          //分段发送标志
unsigned char     packet,plus;                    //分段个数
//unsigned char   spart=0;                        //串口查询标志位
//unsigned char   jishu =0;                       //计数器
unsigned char     relay;                          //定时器初值变量
unsigned char     comzhuanfa=0;                   //串口转发标志
  //unsigned char    all=0;
  //unsigned char    biaozhun=0;
```

```
//unsigned char        kuozhan=0;
/*********************************Hauptprogramm *********************************/
**函数原型： void Uartcanset(void)
**参数说明：
**返 回 值：
**说      明：该函数用于 CAN 总线标识符、波特率等的设置
//起始字节     串口波特率值       帧信息      帧标识符      波特率值      COM 转发标志      结束符字节
//7E           1 字节             1 字节      4 字节        1 字节        01                00
#define        SOF                0x7E
#define        CRC                0x00
#define        SOF_STATUS         00
#define        DATA_STATUS        01
#define        CRC_STATUS         02
#pragma interrupt_handler rxc_isr:19
void rxc_isr(void)
{
    unsigned char i;
    if(normal!=1)                                    //非正常工作状态
    {
        switch(UartStatus)
        {
            case SOF_STATUS:
                i=UDR0;
                if( i == SOF)
                UartStatus++;
            break;
            case DATA_STATUS:
                SRBuf[RcvCounter++]=UDR0;
                if(RcvCounter >15)
                {
                    RcvCounter=0;
                    UartStatus++;
                }
            break;
            case CRC_STATUS:
                i=UDR0;
                if(i == CRC)
                    CanSetmode =1;                   //CAN 设置数据帧正确
                UartStatus=0;
            break;
            default:
                UartStatus=0;
                RcvCounter=0;
            break;
        }
    }
    else                                             //正常工作
    {
```

```
                    //接收一串数据后分段转发
                    TCCR0B=5;                              //打开定时器
                    TCNT0=relay;                           //每次接收到 1 字节重新装入初值
                    buff[count]=UDR0;                      //读取数据
                    count++;                               //数据个数++
                    if(count>=8)                           //超过 8 字节
                    {
                         CanSendFlag=1;                    //标志 CAN 报文发送
                         num=8;                            //保存数据个数
                         count=0;                          //接收计数清 0
                    }
               }
          }
//定时器 0 中断，标志 CAN 发送
#pragma interrupt_handler time0_ovf_isr:17
void time0_ovf_isr(void)
{
     //定时器溢出表示一串数据结束
     TCCR0B=0;                                            //关闭定时器
     if(count>0)
     {
          CanSendFlag=1;                                  //标志 CAN 总线报文发送
          num=count;                                      //保存数据个数
          count=0;                                        //接收计数清 0
     }
}
/*********************************************************************************
**函数原型：UINT32 RS232DataToCan(void)
**返 回 值：0—成功发送；1—发送失败
**说     明：将接收到的串口数据发送到 CAN 总线
*********************************************************************************/
/*void RS232DataToCan(void)
{
     //先判断数据长度，决定分几次发送到 CAN 总线
     unsigned char i;
     if (num > 8)
     {
          packet = num>>3;                               //num 除以 8
          plus=num%8;
          fensend=1;
     }
     else
     {
          write_MCP (TXB0DLC, num);
          for(i=0;i<num;i++)
          //TXB0D0 起始地址=0x36
          write_MCP (0x36+i, buff[i]);
     }
}*/
```

```c
void watchdoginit(void)
{
    WDR();                                                  //用前先喂狗；
    //WDTCSR = 0x19;                                        //设置复位时间
    WDTCSR =(1<<WDCE)|(1<<WDE);
    WDTCSR =(0<<WDCE)|(1<<WDE)|(1<<WDP2)|(1<<WDP1)|(1<<WDP0);   //2S
}
/**********************************************************************************
**函数原型：void CanDataToRs232(void)
**返 回 值：
**说      明：将接收到的 CAN 总线数据发送到串口
**********************************************************************************/
void CanDataToRs232(void)
{
    //增加需要的代码
    unsigned char i;
    unsigned char candatanum;
    unsigned char uartsendstr[13];
    unsigned char uartsendstr1[13];
    //CAN 信息的标准 13 字节整理
    if(CanRec0Flag!=0)                                      //缓冲区 0 有数据
    {
        CanRec0Flag=0;                                      //允许接收
        if((str0[4]&0x40)==0)                               //数据帧
        {
            if((str0[1]&0x08)==0x08)                        //扩展帧
            {
                uartsendstr[0]=str0[4]|0x80;                //加入扩展标志 0x80
                uartsendstr[1]=str0[0]>>3;
                uartsendstr[2]=(str0[0]<<5)|((str0[1]>>3)&0x1C)|(str0[1]&0x03);
                uartsendstr[3]=str0[2];
                uartsendstr[4]=str0[3];
                candatanum=cannum0;
                for(i=0;i<candatanum;i++)
                uartsendstr[5+i]=str0[5+i];
                if(comzhuanfa==1)
                {
                    //CLI();                                //关中断
                    for(i=0;i<5+candatanum;i++)
                    {
                        putc(uartsendstr[i]);
                        //WDR();
                    }
                    //SEI();                                //开中断
                }
                else                                        //不转发
                {
                    //发送数据字节到串口
```

```
                //CLI();                              //关中断
                for(i=0;i<candatanum;i++)
                {
                    putc(uartsendstr[5+i]);
                    //WDR();
                }
                //SEI();                               //开中断
            }
        }
        else                                          //标准帧
        {
            uartsendstr[0]=str0[4];
            uartsendstr[1]=str0[0]>>5;
            uartsendstr[2]=(str0[0]<<3)|(str0[1]>>5);
            candatanum=cannum0;
            for(i=0;i<candatanum;i++)
            uartsendstr[3+i]=str0[5+i];
            //发送到串口
            if(comzhuanfa==1)
            {
                //CLI();     //关中断
                for(i=0;i<3+candatanum;i++)
                {
                    putc(uartsendstr[i]);
                    //WDR();
                }
                //SEI();                               //开中断
            }
            else
            {
                //CLI();                               //关中断
                for(i=0;i<candatanum;i++)
                {
                    putc(uartsendstr[3+i]);
                    //WDR();
                }
                //SEI();                               //开中断
            }
        }
        if(CanRec1Flag!=0)                            //缓冲区 1 有数据
        {
            CanRec1Flag=0;                            //允许接收
            if((str1[4]&0x40)==0)                     //数据帧
            {
                if((str1[1]&0x08)==0x08)              //扩展帧
                {
                    uartsendstr1[0]=str1[4]|0x80;      //加入扩展标志 0x80
                    uartsendstr1[1]=str1[0]>>3;
```

```
uartsendstr1[2]=(str1[0]<<5)|((str1[1]>>3)&0x1C)|(str1[1]&0x03);
uartsendstr1[3]=str1[2];
uartsendstr1[4]=str1[3];
candatanum=cannum1;
for(i=0;i<candatanum;i++)
uartsendstr1[5+i]=str1[5+i];
if(comzhuanfa==1)
    {
        //CLI();                      //关中断
        for(i=0;i<5+candatanum;i++)
        {
            putc(uartsendstr1[i]);
            //WDR();
        }
        //SEI();                      //开中断
    }
    else                             //不转发
    {
        //发数据字节到串口
        //CLI();                      //关中断
        for(i=0;i<candatanum;i++)
        {
            putc(uartsendstr1[5+i]);
            //WDR();
        }
        //SEI();                      //开中断
    }
}
else                                 //标准帧
{
    uartsendstr1[0]=str1[4];
    uartsendstr1[1]=str1[0]>>5;
    uartsendstr1[2]=(str1[0]<<3)|(str1[1]>>5);
    candatanum=cannum1;
    for(i=0;i<candatanum;i++)
    uartsendstr1[3+i]=str1[5+i];
    if(comzhuanfa==1)
    {
        //CLI();                      //关中断
        for(i=0;i<3+candatanum;i++)
        {
            putc(uartsendstr1[i]);
            //WDR();
        }
        //SEI();                      //开中断
    }
    else
    {
```

```
                    //CLI();                         //关中断
                    for(i=0;i<candatanum;i++)
                    {
                        putc(uartsendstr1[3+i]);
                        //WDR();
                    }
                    //SEI();                           //开中断
                }
            }
        }
    }
}
/*SPI 初始化*/
void init_SPI (void)
{
    //HW_SPI=0x00;
    DDR_SPI|=0x2D;
    SPCR=0x50;
}
/*MCP2515 复位*/
void reset_MCP (void)
{
    unsigned char i;
    PORTB&=~(1<<CS_CAN);
    SPDR=RESET_MCP;
    while(!(SPSR & (1<<SPIF)));                      //等待，直到发送字节结束
    PORTB|=(1<<CS_CAN);
    delay(1000);
}
/*CAN 发送请求*/
void send_box_0 (void)
{
    write_MCP (TXB0CTRL, 0x0B);
    PORTB&=~(1<<CS_CAN);
    SPDR=(RTS | 0x01);
    while(!(SPSR & (1<<SPIF)));                      //等待，直到字节发送结束
    PORTB|=(1<<CS_CAN);
}
/*CAN 发送请求*/
/*void send_box_1 (void)
{
    write_MCP (TXB1CTRL, 0x0B);
    PORTB&=~(1<<CS_CAN);
    SPDR=(RTS | 0x02);
    while(!(SPSR & (1<<SPIF)));                      //等待，直到字节发送结束
    PORTB|=(1<<CS_CAN);
}*/
/*CAN 发送请求*/
```

```
/*void send_box_2 (void)
{
    write_MCP (TXB2CTRL, 0x0B);
    PORTB&=~(1<<CS_CAN);
    SPDR=(RTS | 0x04);
    while(!(SPSR & (1<<SPIF)));                    //等待，直到字节发送结束
    PORTB|=(1<<CS_CAN);
}*/
/*MCP2515 写操作*/
void write_MCP (unsigned char adress, unsigned char value)
{
    PORTB&=~(1<<CS_CAN);
    SPDR=0x02;
    while(!(SPSR & (1<<SPIF)));                    //等待，直到字节发送结束
    SPDR=adress;
    while(!(SPSR & (1<<SPIF)));                    //等待，直到字节发送结束
    SPDR=value;
    while(!(SPSR & (1<<SPIF)));                    //等待，直到字节发送
    PORTB|=(1<<CS_CAN);
}
/*MCP2515 读操作*/
unsigned char read_MCP(unsigned char adress)
{
    unsigned char spidata;
    PORTB&=~(1<<CS_CAN);
    SPDR=0x03;
    while(!(SPSR & (1<<SPIF)));                    //等待，直到字节发送结束
    SPDR=adress;                                  //重读地址
    while(!(SPSR & (1<<SPIF)));                    //等待，直到字节发送结束
    SPDR=0xAA;
    while(!(SPSR & (1<<SPIF)));                    //等待，直到字节发送结束
    spidata = SPDR;                               //SPI 数据
    PORTB|=(1<<CS_CAN);
    return (spidata);
}
/*位修改*/
void bit_modify(unsigned char adress,unsigned char cc, unsigned char value)
{
    PORTB&=~(1<<CS_CAN);
    SPDR=0x05;
    while(!(SPSR & (1<<SPIF)));                    //等待，直到字节发送结束
    SPDR=adress;
    while(!(SPSR & (1<<SPIF)));                    //等待，直到字节发送结束
    SPDR=cc;
    while(!(SPSR & (1<<SPIF)));                    //等待，直到字节发送结束
    SPDR=value;
    while(!(SPSR & (1<<SPIF)));                    //等待，直到字节发送结束
PORTB|=(1<<CS_CAN);
```

```
}
/*CAN 中断*/
#pragma interrupt_handler int0_isr:2
void int0_isr(void)
{
    unsigned char i,err;
    unsigned char k;
    i = read_MCP (CANINTF);
    if((i&0x04)==0x04)                              //TX0 空
    {
        PORTC&=~0x02;
        bit_modify(CANINTF, 0x04,0x00);             //清除 TX0IF 标志
    }
    if((i&0x20)==0x20) //出错
    {
        //err = read_MCP (EFLG);
        //if((err&0x18)!=0)                          //发送或者接收出错寄存器大于 128 时，总线复位
        //{
            PORTC|=0x02;                             //EEROR on
            reset_MCP();                             //复位 MCP2515
            init_can();                              //初始化 MCP2515
        //}
        //add code
        bit_modify(CANINTF, 0x20,0x00);             //清除 ERRIF 标志
    }
    if((i&0x01)==0x01)                              //RX0 接收满
    {
        PORTC&=~0x02;
        str0[0] = read_MCP (RXB0SIDH);
        str0[1] = read_MCP (RXB0SIDL);
        str0[2] = read_MCP (RXB0EID8);
        str0[3] = read_MCP (RXB0EID0);
        str0[4] = read_MCP (RXB0DLC);
        cannum0=str0[4]&0x0F;
        //if(cannum>8)                  //cannum=8;
        for(k=0;k<cannum0;k++ )
        str0[5+k] = read_MCP (0x66+k);
        //标志 CAN 接收到数据
        CanRec0Flag=1;
        bit_modify(CANINTF, 0x01,0x00);             //清除 RX0IF 标志
    }
    if((i&0x02)==0x02)                              //RX1 接收满
    {
        PORTC&=~0x02;    //EEROR off
        str1[0] = read_MCP (RXB1SIDH);
        str1[1] = read_MCP (RXB1SIDL);
        str1[2] = read_MCP (RXB1EID8);
        str1[3] = read_MCP (RXB1EID0);
```

```
                str1[4] = read_MCP (RXB1DLC);
                cannum1=str1[4]&0x0F;
                //if(cannum>8) //cannum=8;
                for(k=0;k<cannum1;k++ )
                str1[5+k] = read_MCP (0x76+k);              //标志 CAN 接收到数据
                CanRec1Flag=1;
                bit_modify(CANINTF, 0x02,0x00);            //清除 RX0IF 标志
        }
}
/*nms delay*/
/*void wait(unsigned int n)
{unsigned int i;
    for(i=0;i<n;i++)
    delay_1ms();
}*/
/*1ms delay*/
/*void delay_1ms(void)
{unsigned int i;
    for(i=0;i<1035;i++);
}*/
void delay(unsigned int n)
{ unsigned int i;
    for(i=0;i<n;i++)
    asm("nop");
}
/*          字符输出函数              */
void putc(unsigned char c)
{    while (!(UCSR0A&(1<<UDRE0)));
    UDR0=c;
}
/*          字符输入函数              */
/*unsigned char getonechar(void)
{ while(!(UCSR0A& (1<<RXC0)));
    return UDR0;
}
*/
/*          不含回车、换行的字符串输出函数        */
/*void putstr(unsigned char *s)
{    while (*s)
    {    putc(*s);
        s++;
    }
}    */
/*              UART 初始化              */
void uart_init(unsigned char baud)
{
    UCSR0B=(1<<RXCIE0)|(1<<RXEN0)|(1<<TXEN0);//允许发送和接收，允许接收完成中断
    switch(baud)
```

```
    {
        case 0:                          //1200 b/s
            UBRR0L=(fosc/16/(1200+1))%256;
            UBRR0H=(fosc/16/(1200+1))/256;
        break;
        case 1:                          //2400 b/s
            UBRR0L=(fosc/16/(2400+1))%256;
            UBRR0H=(fosc/16/(2400+1))/256;
        break;
        case 2:                          //4800 b/s
            UBRR0L=(fosc/16/(4800+1))%256;
            UBRR0H=(fosc/16/(4800+1))/256;
        break;
        case 3:                          //9600 b/s
            UBRR0L=(fosc/16/(9600+1))%256;
            UBRR0H=(fosc/16/(9600+1))/256;
        break;
        case 4:                          //19200 b/s
            UBRR0L=(fosc/16/(19200+1))%256;
            UBRR0H=(fosc/16/(19200+1))/256;
        break;
        case 5:                          //38400 b/s
            UBRR0L=(fosc/16/(38400+1))%256;
            UBRR0H=(fosc/16/(38400+1))/256;
        break;
        case 6:                          //57600 b/s
            UBRR0L=(fosc/16/(57600+1))%256;
            UBRR0H=(fosc/16/(57600+1))/256;
        break;
        case 7:                          //115200 b/s
            UBRR0L=(fosc/16/(115200+1))%256;
            UBRR0H=(fosc/16/(115200+1))/256;
        break;
        default:
        break;
    }
    UCSR0C=(1<<UCSZ01)|(1<<UCSZ00);              //8 位数据+1 位停止位
}
/*CAN 初始化*/
void init_can(void)
{
    //unsigned char i;
    unsigned int SID;
    //使 CAN 进入配置模式
    write_MCP (CANCTRL, 0x80);
    //i=read_MCP(CANSTAT);                        //读 CAN 状态
    //while((read_MCP(CANSTAT)&0xE0)!=0x80)
    //{write_MCP (CANCTRL, 0x80);}                //确保进入配置模式
```

```
        asm("nop");
        if((ESRBuf[1]&0x03)==0x03)                        //接收所有报文
        {
            write_MCP (RXB0CTRL, 0x64);
            write_MCP (RXB1CTRL, 0x60);
        }
        if((ESRBuf[1]&0x03)==0x01)                        //只接收标准帧
        {
            write_MCP (RXB0CTRL, 0x24);
            write_MCP (RXB1CTRL, 0x20);
            //屏蔽寄存器值，设置需要校验的位
            SID=(((unsigned int)ESRBuf[10])<<8)|ESRBuf[11];
            write_MCP(RXM0SIDH,   (unsigned char)(SID>>3));
            write_MCP(RXM0SIDL,   (unsigned char)(SID<<5));
            write_MCP(RXM0EID8,   0);
            write_MCP(RXM0EID0,   0);
            write_MCP(RXM1SIDH,   (unsigned char)(SID>>3));
            write_MCP(RXM1SIDL,   (unsigned char)(SID<<5));
            write_MCP(RXM1EID8,   0);
            write_MCP(RXM1EID0,   0);
            //滤波寄存器，设置需要校验的位
            SID=(((unsigned int)ESRBuf[14])<<8)|ESRBuf[15];
            write_MCP(RXF0SIDH,   (unsigned char)(SID>>3));
            write_MCP(RXF0SIDL,   (unsigned char)(SID<<5));
            write_MCP(RXF0EID8,   0);
            write_MCP(RXF0EID0,   0);
        }
        if((ESRBuf[1]&0x03)==0x02)                        //只接收扩展帧
        {
            write_MCP (RXB0CTRL, 0x44);
            write_MCP (RXB1CTRL, 0x40);
            //屏蔽寄存器值，设置需要校验的位
            write_MCP(RXM0SIDH,   (ESRBuf[8] << 3)|(ESRBuf[9] >> 5));
            write_MCP(RXM0SIDL,((ESRBuf[9] << 3)&0xE0)|0x08|(ESRBuf[9]&0x03));
            write_MCP(RXM0EID8,   ESRBuf[10] );
            write_MCP(RXM0EID0,   ESRBuf[11] );
            write_MCP(RXM1SIDH,   (ESRBuf[8] << 3)|(ESRBuf[9] >> 5));
            write_MCP(RXM1SIDL, ((ESRBuf[9] << 3)&0xE0)|0x08|(ESRBuf[9]&0x03));
            write_MCP(RXM1EID8,   ESRBuf[10] );
            write_MCP(RXM1EID0,   ESRBuf[11] );
            //滤波寄存器，校验的位值
            write_MCP(RXF0SIDH,   (ESRBuf[12] << 3)|(ESRBuf[13] >> 5));       //帧 ID
            write_MCP(RXF0SIDL,   ((ESRBuf[13] << 3)&0xE0)|0x08|(ESRBuf[13]&0x03));
            write_MCP(RXF0EID8,   ESRBuf[14] );
            write_MCP(RXF0EID0,   ESRBuf[15] );
            //kuozhan=1;
        }
        write_MCP (CANINTE, 0x27);
```

```
        canbaud=ESRBuf[6];
        canspeedset();                                    //CAN 总线速率设置
        //判断是否扩展帧
        if((ESRBuf[1]&0x80)!=0x00)
        {
            //扩展帧
            write_MCP(TXB0SIDH,    (ESRBuf[2] << 3)|(ESRBuf[3] >> 5));      //帧 ID
            write_MCP(TXB0SIDL,    ((ESRBuf[3] << 3)&0xE0)|0x08|(ESRBuf[3]&0x03));
            write_MCP(TXB0EID8,    ESRBuf[4] );
            write_MCP(TXB0EID0,    ESRBuf[5] );
        }
        else
        {
            //标准帧
            SID=(((unsigned int)ESRBuf[4])<<8)|ESRBuf[5];
            write_MCP(TXB0SIDH,    (unsigned char)(SID>>3));               //帧 ID
            write_MCP(TXB0SIDL,    (unsigned char)(SID<<5));
            write_MCP(TXB0EID8,    0);
            write_MCP(TXB0EID0,    0);
        }
        write_MCP (CANCTRL, 0x00);                         //进入正常工作模式
        //设置模式，0x40 不是自收发模式，0x00 不是正常工作模式
        //i=read_MCP(CANSTAT);                             //读 CAN 状态
        //while(i!=0x40)
        //{write_MCP (CANCTRL, 0x40);}                     //确保进入正常工作模式
        asm("nop");
}
void canspeedset(void)
{
        //CAN 波特率的 8 种设置
        switch(canbaud)
        {
            case 0x00:                    //1000 kb/s
                write_MCP (CNF1, 0x00);
                write_MCP (CNF2, 0x90);
                write_MCP (CNF3, 0x02);
            break;
            case 0x01:                    //500 kb/s
                write_MCP (CNF1, 0x00);
                write_MCP (CNF2, 0xB8);
                write_MCP (CNF3, 0x05);
            break;
            case 0x02:                    //250 kb/s
                write_MCP (CNF1, 0x01);
                write_MCP (CNF2, 0xB8);
                write_MCP (CNF3, 0x05);
            break;
            case 0x03:                    //125 kb/s
```

```
                    write_MCP (CNF1, 0x03);
                    write_MCP (CNF2, 0xB8);
                    write_MCP (CNF3, 0x05);
                break;
                case 0x04:                        //100 kb/s
                    write_MCP (CNF1, 0x04);
                    write_MCP (CNF2, 0xB8);
                    write_MCP (CNF3, 0x05);
                break;
                case 0x05:                        //50 kb/s
                    write_MCP (CNF1, 0x09);
                    write_MCP (CNF2, 0xB8);
                    write_MCP (CNF3, 0x05);
                break;
                case 0x06:                        //40 kb/s
                    write_MCP (CNF1, 0x09);
                    write_MCP (CNF2, 0xBA);
                    write_MCP (CNF3, 0x07);
                break;
                case 0x07:                        //20 kb/s
                    write_MCP (CNF1, 0x13);
                    write_MCP (CNF2, 0xBA);
                    write_MCP (CNF3, 0x07);
                break;
                case 0x08:                        //10 kb/s
                    write_MCP (CNF1, 0x27);
                    write_MCP (CNF2, 0xBA);
                    write_MCP (CNF3, 0x07);
                break;
                case 0x09:                        //5 kb/s
                    write_MCP (CNF1, 0x3F);
                    write_MCP (CNF2, 0xBF);
                    write_MCP (CNF3, 0x07);
                break;
                default:
                break;
        }
}
/*************************** 主机先发送，等待接收 ***********************************/
void main( void )
{
    unsigned char baudold,baudnew;
    //unsigned char normal=0;
    unsigned char i;
    unsigned char j=0,k=0;
    unsigned char c;
    //端口初始化
    PORTB=0x07;
```

```
        DDRB|=0x07;
        DDRC=0x0E;
        //初始化 SPI
        init_SPI();
        //reset mcp2515
        reset_MCP();
        //use int0
        EIMSK|=(1<<INT0);
        //GICR|=0x40;
        //MCUCR|=0x02;                    //下降沿触发中断 0
        TCCR0B=0;                        //关定时器
        TIMSK0=(1<<TOIE0);               //使能定时器 0 溢出中断
        while (1)
        {
            //查询配置模式，扫描 C 口第 3 位
            for(i=0;i<10;i++)
            {
                if((PINC&0x01)==0x00)
                //取 bit0 位，判断进入配置模式：0 表示配置模式，1 表示正常工作模式
                    j++;
                else                     //是 1
                    k++;
            }
            if(j>=10)
                mode=1;                  //标志进入配置模式
            if(k>=10)
                normal=1;
            if(mode==1)
            {
                mode=0;                  //允许再设置
                uart_init(6);            //CAN 总线默认的串口速率为 57600
                //开中断
                SEI();
                //接收上位机的配置信息
                while(CanSetmode!=1);
                CanSetmode=0;
                //发送配置成功信息到上位机
                putc(0x06);
                putc(0x04);
                //CanSetmode=1,收到上位机的配置信息并存入 EEPROM，原码和反码都保存
                EEPROM_WRITE(0x0000,SRBuf);
                for(i=0;i<16;i++)
                SRBuf1[i]=~SRBuf[i];
                EEPROM_WRITE(0x0020,SRBuf1);
                asm("nop");
            }
            if(normal==1)                //进入正常工作模式
            {
```

```
//正常工作模式下不去读设置值，需要断电后才可以设置
CLI();                              //关中断
//从 EEPROM 读取设置值，原码和反码都读，然后校验
EEPROM_READ(0x0000,ESRBuf1);
EEPROM_READ(0x0020,ESRBuf2);
//校验
for(i=0;i<16;i++)
{
    if(ESRBuf1[i]==~ESRBuf2[i])
        ESRBuf[i]=ESRBuf1[i];       //校验通过保存原码
    else                            //判断字节高 4 位
    {
        if((ESRBuf1[i]&0x70)==0x00)
            ESRBuf[i]=ESRBuf1[i];
        else
            ESRBuf[i]=ESRBuf2[i];
    }
}
//设置串口
uart_init(ESRBuf[0]);
if(ESRBuf[7]==0x01)
    comzhuanfa=1;                   //标志 COM 转发
else
    comzhuanfa=0;
switch(ESRBuf[0])                   //根据串口速率确定 8 字节需要的时间
{
    /*case 0:   //1200 b/s（4 字节）
        relay=0x0f;
    break;
    case 1:     //2400 b/s
        relay=0x0f;
    break;
    case 2:     //4800 b/s
        relay=0x87;
    break;
    case 3:     //9600 b/s
        relay=0xc3;
    break;
    case 4:     //19200 b/s
        relay=0xe1;
    break;
    case 5:     //38400 b/s
        relay=0xF0;
    break;
    case 6:     //57600 b/s
        relay=0xF5;
    break;
    case 7:     //115200 b/s
```

```
                                relay=0xFa;
        break;              */
        /*case 0:                          //1200 b/s (2 字节)
                relay=0x87;
        break;
        case 1:                            //2400 b/s
                relay=0xc3;
        break;
        case 2:                            //4800 b/s
                relay=0xe1;
        break;
        case 3:                            //9600 b/s
                relay=0xf0;
                break;
        case 4:                            //19200 b/s
                relay=0xf7;
        break;
        case 5:                            //38400 b/s
                relay=0xFb;
        break;
        case 6:                            //57600 b/s
                relay=0xFc;
        break;
        case 7:                            //115200 b/s
                relay=0xFd;
        break;*/
        case 0:                            //1200 b/s（4 字节）
                relay=0x0f;
        break;
        case 1:                            //2400 b/s
                relay=0x87;
        break;
        case 2:                            //4800 b/s
                relay=0xC3;
        break;
        case 3:                            //9600 b/s
                relay=0xe1;
        break;
        case 4:                            //19200 b/s
                relay=0xf0;
        break;
        case 5:                            //38400 b/s
                relay=0xF7;
        break;
        case 6:                            //57600 b/s
                relay=0xFA;
        break;
        case 7:                            //115200 b/s
```

```
                relay=0xFC;
            break;
            default:
            break;
        }
    //配置 CAN
    init_can();
    watchdoginit() ;                    //看门狗初始化
    SEI();                              //开中断
    while (1)
    {
        //RS-232 数据转发到 CAN 总线
        if(CanSendFlag!=0)
        {
            CanSendFlag=0;              //清除发送标志位，允许发送
            //查询 CAN 总线状态，空闲时发送数据
            while((read_MCP(TXB0CTRL)&0x08)!=0);    //有报文时再发送
            write_MCP (TXB0DLC, num);
            for(i=0;i<num;i++)
            //TXB0D0 起始地址=0x36
            write_MCP (0x36+i, buff[i]);
            send_box_0 ();
        }
        if((CanRec0Flag!=0) || (CanRec1Flag!=0))
        {   CanDataToRs232();          //发到上位机
        }
        asm("nop");
        asm("nop");
        WDR();                         //跳出第 2 个 while(1)，说明程序跑飞了
    }
}
}
}
/*****************************************结束*****************************************/
```

参考文献

[1] [美]Louis E. ,Frenzel Jr. 串行通信接口规范与标准. 林赐译. 北京：清华大学出版社，2017.

[2] 张峰. 嵌入式高速串行总线技术：基于 FPGA 实现与应用. 北京：电子工业出版社，2016.

[3] 范逸之，廖锦棋. Visual Basic.NET 自动化系统监控——RS-232 串行通信. 北京：清华大学出版社，2006.

[4] 杨更更. Modbus 软件开发实战指南. 北京：清华大学出版社，2017.

[5] 华镕. 从 Modbus 到透明就绪——施耐德电气工业网络的协议、设计、安装和应用. 北京：机械工业出版社，2009.

[6] 杨坤明. 现代高速串行通信接口技术与应用. 北京：电子工业出版社，2010.

[7] 李正军. 现场总线与工业以太网及其应用技术. 北京：机械工业出版社，2011.

[8] 邬宽明. 现场总线技术应用选编（3）. 北京：北京航空航天大学出版社，2005.

[9] 邹益民. 现场总线仪表技术. 北京：化学工业出版社，2009.

[10] 梁庚. 工业测控系统实时以太网现场总线技术——EPA 原理及应用. 北京：中国电力出版社，2014.

[11] 雷霖. 现场总线控制网络技术（第 2 版）. 北京：电子工业出版社，2015.

[12] 周云波，[美]Shiwei Zhou. 互联网串口通信——全世界串行口，联网起来！. 北京：电子工业出版社，2017.

[13] Guy Hoover，William Rempfer：12-bit 8-channel data acquisition system interfaces to IBM PC serial port,Analog Circuit Design:Design Note Collection，2015 LinearTechnology Corporation. Published by Elsevier Inc.

[14] Peter Chipkin. Modbus For Field Technicians. CreateSpace Independent Publishing Plat，2011-01.

[15] 周云波. 一种带中继功能的串口转换装置及其组网总线. 专利 ZL201420502117.5.

[16] 周云波. RS-232 的端口供电技术. 专利 ZL201020101126.5.

[17] 黄丽，刘雪梅. 通过光纤传输 USB 信号的电路设计及应用. 电子技术应用，2006（2）.

[18] 王军，孙汉华. USB 接口的几种隔离方案. 电子技术应用，2007（8）.

[19] 周云波，林家瑞. 现场总线 HART 智能变送器的研制. 自动化仪表，1997（09）.

[20] 周云波. 一种通过光纤传输 USB 信号的电路. 专利 ZL02284434.1.

[21] 周云波. 采用 USB 私有协议的远程网络安全隔离器. 专利 ZL200920085773.

[22] 周云波. 一种无须设置的 USB 智能共享器. 专利 ZL201520582529.9.

[23] 杨春杰，等. CAN 总线通信技术. 北京：北京航空航天大学出版社，2010.

[24] 牛跃听，周立功，方丹，等. CAN 总线嵌入式开发——从入门到实战（第 2 版）. 北京：北京航空航天大学出版社，2016.